国采与宫色

清代宫廷织绣服饰色彩展

故宫博物院
嘉德艺术中心 编

生活·讀書·新知 三联书店 生活書店出版有限公司

序 言

大清衣冠，是于今未远的中华传统服饰，是中国古代丝绸织造技术最后的辉煌，也是中国古代植物染业最后的华彩。

一个王朝从崛起到兴盛，必定是一幅色彩越来越鲜艳的图景。关外白山黑水间，努尔哈赤设四色建八旗；紫禁城熹微晨光中，玄烨辨识衣色起身上朝；棂星门外黄幄中，胤禛更换好特定色彩的祭服，准备升坛行礼……无论是打天下，还是治天下，清代统治者都很重视运用色彩建立秩序和礼仪。自努尔哈赤建后金，经过一百余年的发展，清朝服色制度到乾隆朝臻备完善，既深入汲取了中华文化的哲学和礼制，又融合了满、蒙、藏等民族文化。

清代承袭明代染织工艺遗产，将古代丝绸织造推向又一高峰，并树立了新的风尚。清代宫廷服色不仅制度特别完备，而且流行色尚也在历史中不断变化翻新，呈现出极丰富的历史面貌。清初的香色，康熙朝的天青，乾隆朝的福色，嘉庆、道光时的玫瑰红以及清末的青莲紫等代代不息。这不仅反映了清代物阜民丰的社会中传统染织业的发达，也反映出近代贸易往来和文化交流的大潮不断涌来。

在古代，色彩是神圣的彰显，色彩是礼制的标识，色彩是族群的表情。国之彩，宫之色，是中华传统染、织、绣技艺最精彩的遗产，等待着我们认真地继承，等待着重新萌发，在这多彩的世界中再造中华锦绣的辉煌。

目录

前　言

故宫博物院不仅是清代织绣和服饰的宝库，更是中华传统丝绸遗产的渊薮。宫廷旧藏数以千万计的织、染、绣珍品，也是古代政治制度、工艺、贸易、科技、时尚等诸多层面的历史见证。然而，因为丝织品是有机蛋白质文物，且传统植物染色彩相对易褪，这些跨越几百年的美丽很少有机会在当今公众的面前亮相。

近年来，我院持续不断地推动历史文化研究的深入和多维拓展、文物信息的整理与公布，以及传统文化的展览出版与宣传教育等工作，致力于“数字故宫”与“学术故宫”的建设和开放，扩大中华传统文化的影响力。坐落在故宫遗址中的博物馆有古建环境的局限，而织绣服饰恰恰是对保管和展陈条件要求最高的文物，多年来我院只在展陈条件最好的博物馆推出服饰展览。感谢嘉德艺术中心这些年的努力，和故宫博物院一道建立起了信任和信心，促成一个又一个精彩的展览在“故宫以东”这片重要的文旅地带开花结果。

自五年前首次合作起，嘉德艺术中心的每一个故宫博物院馆藏文物展都别开生面，都不同凡响和流光溢彩。今年是甲辰年，“国采与宫色——清代宫廷织绣服饰色彩展”是故宫博物院在嘉德举办的第六个专题展览，宫中的织绣龙袍带着飞龙在天的神采现身嘉德艺术中心的展厅。但这并不是关于龙的专题展，它甚至不同于以往的宫廷服饰大展，而是中国传统丝绸和服饰文化的色彩展。

色彩是服饰传达的第一观感，所以织绣服饰文物名要以织物色名起首，然后接以纹饰的彩名。清代统治者对色彩的运用高度自觉。入主中原后，清代历朝君主对中华传统文化的孜孜汲取，对礼制体系的悉心完善，对冠服、对风雅的美学追求，还有宫廷与民间、中国与外洋贸易、传统与时尚的互动……种种历史探索都蕴藏在织绣服饰的色

彩里。在此展的五个主题单元中，有祭礼中对中华古老五色体系的继承，有对中原王朝帝制尊色的沿袭与发扬，有近代东方青蓝靛染工艺的典范，有中国锦绣传统金彩的绚烂，也有西风东渐时对西洋色彩时尚的模仿。色彩的光影舞动中，不仅隐藏着东方文明古老的文化、传统染织的秘诀、八旗攻守的策略与政治权力的平衡，还有贸易的季风和装饰审美的浪潮。

这些文物曾是帝后妃嫔们的御用穿戴，经历中国传统丝绸距今最近的历史繁荣时期，可以为今天的设计与创新带来生动的启示。大家知道，出土的织绣品会丧失大量色彩信息，民间的收藏也多有不确定性，宫廷巨大的织绣和服饰宝藏则保存了丰富得超乎我们想象的历史信息，这些信息（特别是传统色彩）即使通过现代成像技术和媒体也难免有片面和失真的情况发生。故宫联合嘉德推出的精美展陈就是为了让公众、学者和院校的学子们有实地观摩文物本体的机会，而我们相信这种珍贵的展览将会助力传统文化的复兴。

宫廷织绣服饰的金彩是立体变幻的。这些色彩需要观众在现场领会，也需要一本认真编写的精美图录，以记录与诠释难得一见的宫廷织绣服饰色彩展。这精彩的延展将超越展览空间与时间的局限，将“国采与宫色”最精华的记录留存于世人眼前。

故宫博物院

天地日月

天子之职，莫大于礼；国之大事，莫大于祀。礼服、祭服，由草创而至盛世，五色备而求礼之隆。

明嘉靖年间，北京的祭坛格局基本形成：城南正阳门通往南郊天坛圜丘，城北安定门外为地坛，城东朝阳门外为日坛，城西阜成门外为月坛。南郊的圜丘祀天，北郊的方泽祭地，以及祈谷、雩祭等，皆为大祀中最重要的祭典；东郊的日坛、西郊的月坛祭祀则为中祀之首。

在古代君权神授的观念下，承天命、治万民，君主治国也是对天命负责，因此对祭祀诚敬惟谨。祭服也是宫廷中制作最精良庄严的服饰，有非常严格的染色、织绣标准，不容许有瑕疵。

自康熙、雍正时期，清宫中衣色礼制进一步明定。雍正朝续修的《大清会典》更是明确了四郊天、地、日、月坛祭祀的服色。在清朝的种种吉礼上，石青、明黄、宝蓝、大红、月白是最重要的衣色和纹彩。

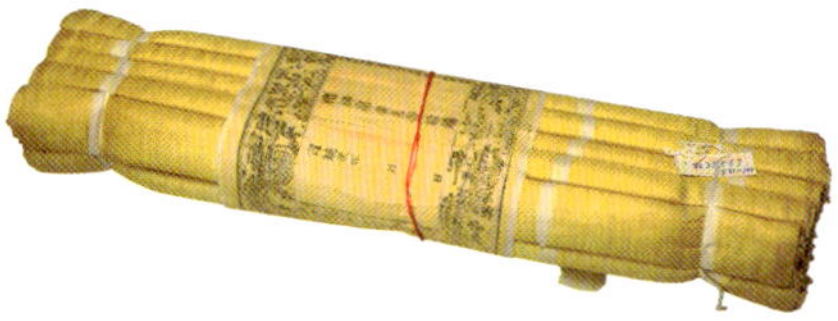

白色礼神帛

清光绪　清宫旧藏

幅宽54厘米

白色礼神帛。帛束外表织暗纹“礼神制帛”满、汉篆字各一行。十端束帛一捆，外附黄封。

白色礼神帛是宫廷祭祀中使用最多的一种，在夜明、星辰、云雨风雷、五岳、五镇、五陵山、四海、夕月、历代帝王、先师、先哲、崇圣、天神、地祇、名山大川、太岁、先医、关帝、城隍等诸神位前，都会有盛放礼神帛的筐。

【黄封：“管理杭州织造兼管南北新关税务臣彬格恭办礼神帛一十端，光绪三十四年　月　日。”】

黄色礼神帛

清宣统　清宫旧藏

幅宽52厘米

黄色礼神帛。帛束外表织暗纹“礼神制帛”满、汉篆字各一行。十端束帛一捆，外附黄封。

宫廷祭祀星辰、云雨风雷、五岳、五镇、天神、地祇、名山大川时，黄色礼神帛会敬置于神位前的黄漆竹筐中。

【黄封：“管理杭州织造兼管南北新关税务臣彬格恭办礼神帛黄色一十端，宣统二年　月　日。”】

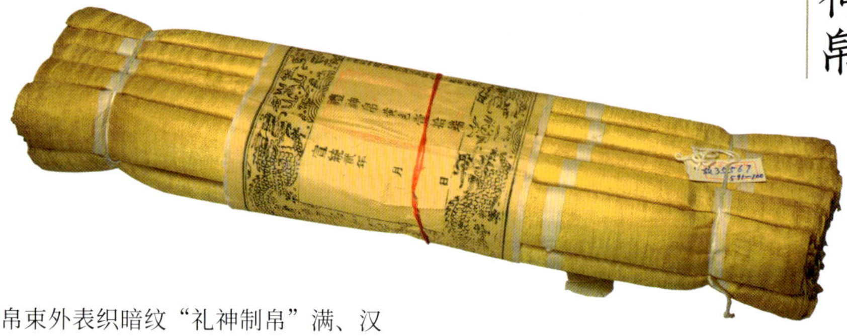

元青色礼神帛

清宣统　清宫旧藏

幅宽51厘米

元青色（黑色）礼神帛。帛束外表织暗纹“礼神制帛”满、汉篆字各一行。十端束帛一捆，外附黄封。

清代宫廷在祭祀星辰、云雨风雷、五岳、五镇、四海、四渎、社稷、天神、地祇、名山大川时，神位前的黑漆竹筐内会有元青色礼神帛。

【黄封：“管理杭州织造兼管南北新关税务臣联荣恭办礼神帛元青一十端，宣统三年　月　日。”】

天青色礼神帛

幅宽53厘米

清宣统　清宫旧藏

天青色礼神帛。帛束外表织暗纹“礼神制帛”满、汉篆字各一行。十端束帛一捆，外附黄封。

清代宫廷祭祀星辰、云雨风雷、五岳、五镇、四海、先农、先蚕、天神、地祇、名山大川时，神位前竹筐中会敬置天青色礼神帛。天青色，自清初直到清末都是官场主要服色之一，清雍正朝曾将其定为皇帝亲祭圜丘、祈谷坛时的礼服色。但在历史演变中，其色相不尽相同，如这一批天青色礼神帛，染色不一，实际色相则近乎当时的雪青色。

【黄封：“管理杭州织造兼管南北新关税务臣彬格恭办礼神帛天青一十端，宣统二年　月　日。”】

红色礼神帛

幅宽52厘米

清宣统　清宫旧藏

红色礼神帛。帛束外表织暗纹“礼神制帛”满、汉篆字各一行。十端束帛一捆，外附黄封。皇家祭祀大明、星辰、五岳、五镇、四海、名山大川、火神等的仪礼上，会置红色礼神帛于神位前。

【黄封：“管理杭州织造兼管南北新关税务臣联荣恭办礼神帛红色一十端，宣统三年　月　日。”】

《皇朝礼器图式》祭器部分『篚』之图说

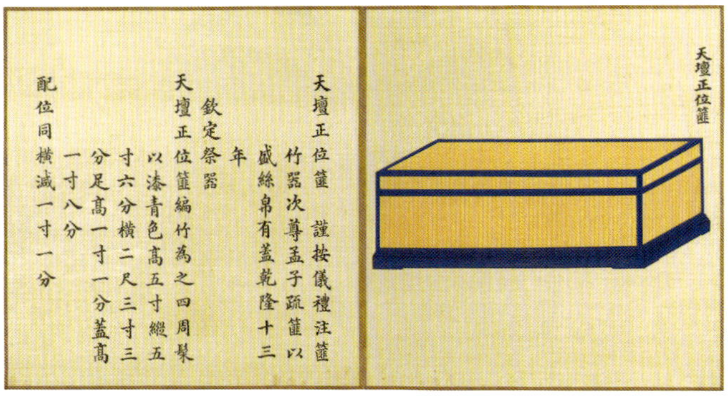

天壇正位篚　謹按儀禮注篚竹器次尊孟子疏篚以盛絲帛有蓋乾隆十三年欽定祭器天壇正位篚編竹為之四周髹以漆青色高五寸縱五寸六分横二尺三寸三分足高一寸一分蓋高一寸八分
配位同横減一寸一分

天坛正位篚

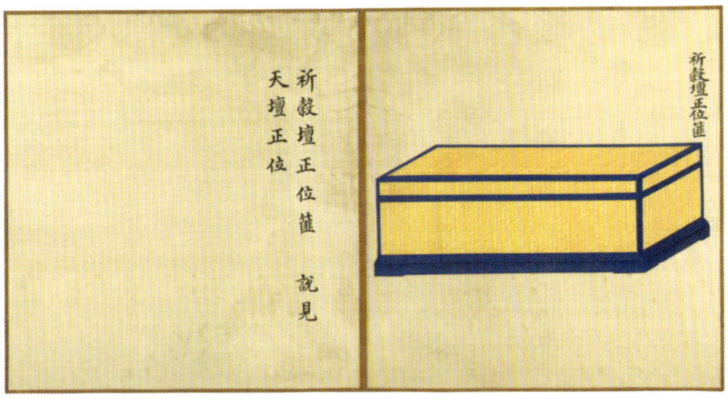

祈穀壇正位篚　說見
天壇正位

祈谷坛正位篚

地壇正位篚　謹按乾隆十三年欽定祭器地壇正位篚編竹為之四周髹以漆黄色高三寸六分縱四寸一分横二尺二寸五分足高七分蓋高一寸一分

地坛正位篚

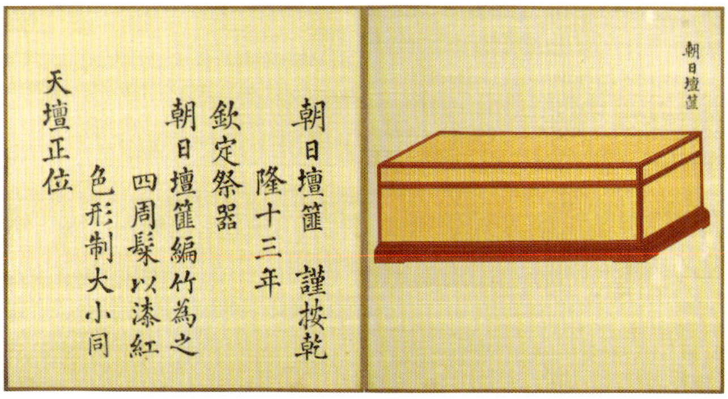

朝日壇篚　謹按乾隆十三年欽定祭器朝日壇篚編竹為之四周髹以漆紅色形制大小同
天壇正位

朝日坛篚

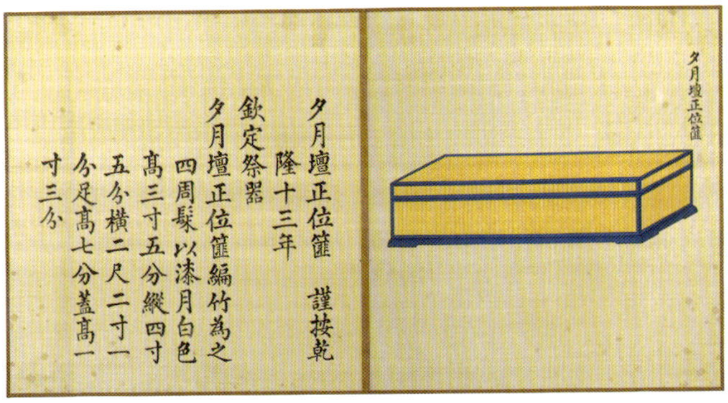

夕月壇正位篚　謹按乾隆十三年欽定祭器夕月壇正位篚編竹為之四周髹以漆月白色高三寸五分縱四寸五分横二尺二寸一分足高七分蓋高一寸三分

夕月坛正位篚

清代皇家祭统概要图

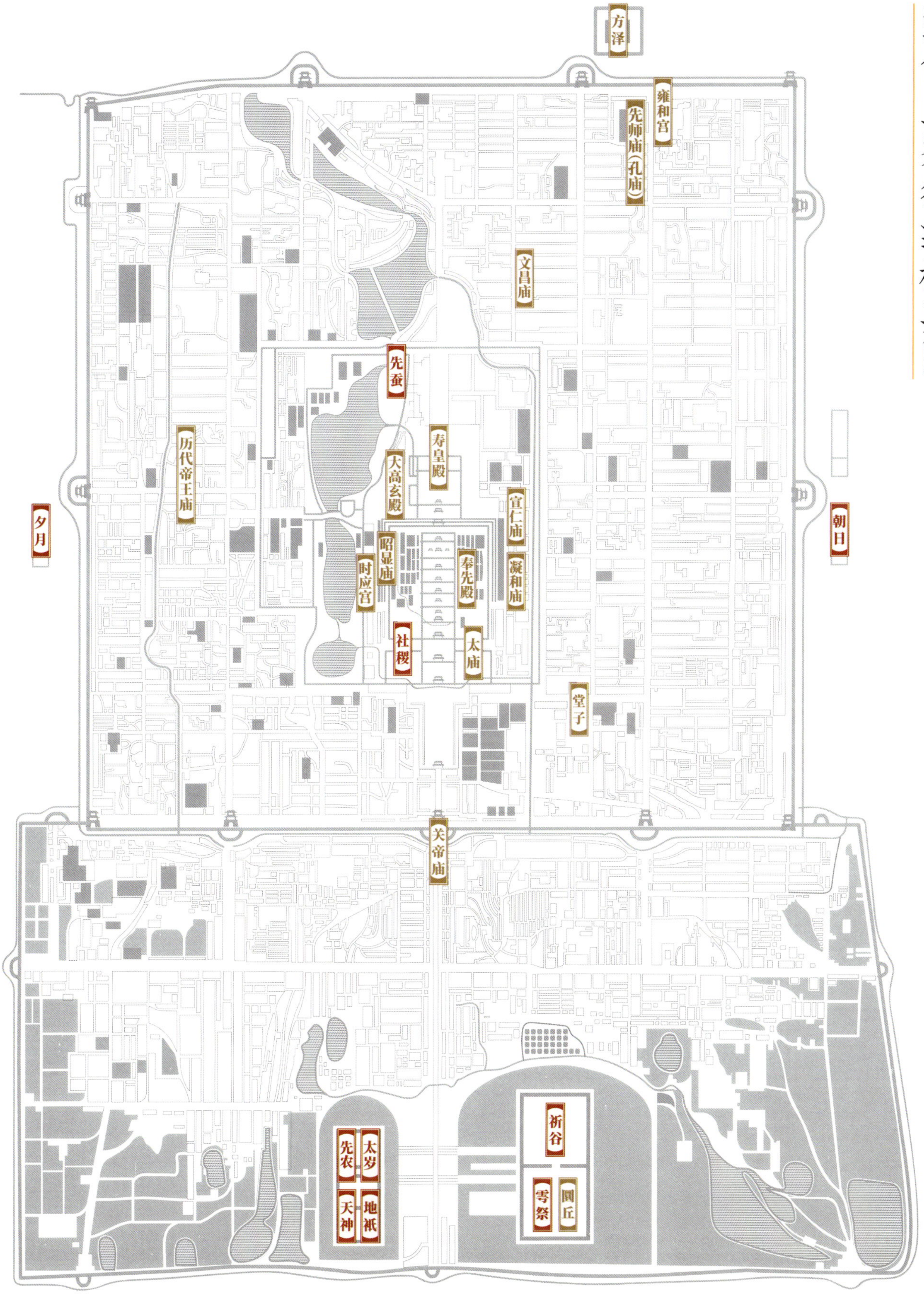

方泽
雍和宫
先师庙（孔庙）
文昌庙
先蚕
寿皇殿
大高玄殿
历代帝王庙
夕月
朝日
宣仁庙
昭显庙
时应宫
奉先殿
凝和庙
社稷
太庙
堂子
关帝庙
祈谷
太岁
先农
天神
地祇
雩祭
圜丘

帛，最古老的丝织品。《论语》中记孔子的发问：『礼云礼云，玉帛云乎哉？』说明帛自上古就是礼仪的重要物质载体。中华数千年历史中，各王朝承袭玉帛祭祀的传统。明清两代较高等级的大祀、中祀均用制帛作为祭品。而皇家在南京设立的江宁织造局则有专为皇家提供礼仪织物的神帛堂和专用织机。

《大清会典》记载：祭祀则供制帛。制帛之等七：一、郊祀帛；二、告祀帛；三、奉先帛；四、礼神帛；五、展亲帛；六、报功帛；七、素帛。自报功帛以上皆织满、汉文于帛端，唯素帛无文。礼神帛有天青、黄、红、元青、白五色；郊祀帛、告祀帛有黄色及天青色。奉先帛、展亲帛、报功帛俱白色。这样的礼制一直延续到20世纪初，清宣统帝于辛亥革命后正式退位，留下了一批没来得及使用的祭祀制帛。当时江宁织造局的神帛堂早已在光绪三十年（1904）被裁撤，这批神帛由杭州织造臣所织办，但在王朝末日之际，礼崩乐坏，坛庙倾颓，这批五色礼神制帛遂在内府角落遗存下来。

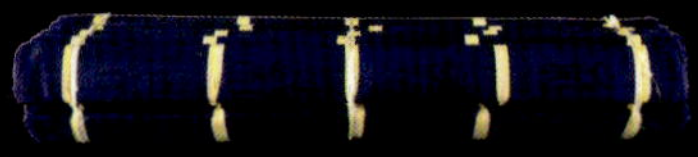

天青色礼神帛

黄色礼神帛

红色礼神帛

元青色礼神帛

白色礼神帛

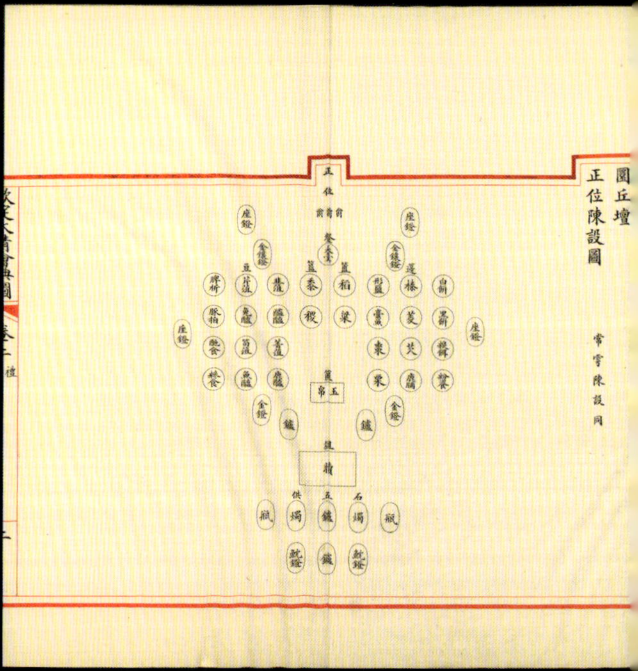

圜丘坛正位陈设图，图见《钦定大清会典图》

五色礼神制帛

蓝色缂丝金龙纹男夹朝袍

身长148厘米，两袖通长202厘米

清嘉庆 清宫旧藏

朝袍圆领，大襟右衽，马蹄袖，石青色披领绣彩云金龙纹，明黄色绦带背云，上衣下裳相连。袍以蓝色缂丝为地，用二色圆金线缂织金龙纹如制，五彩丝线织祥云、八宝平水及海水江崖等纹饰，衣身列十二章。此朝袍缂工细密，色彩丰富，层次分明。根据清代典制，此蓝色朝袍应是皇帝在南郊祈谷、雩祭场合所穿用。

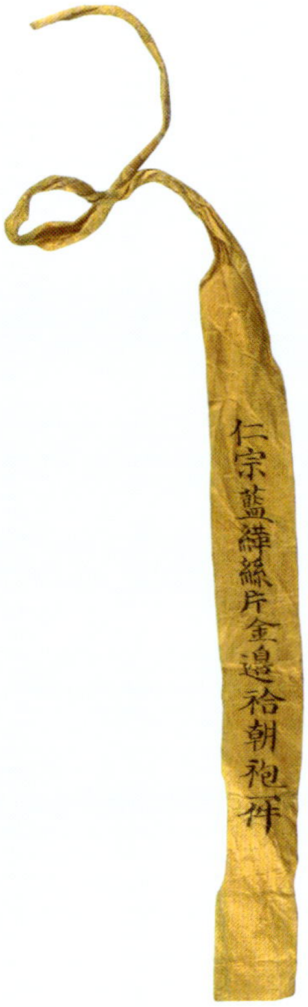

《皇朝礼器图式·冠服》 ［清］冷鉴等绘 故宫博物院藏

明黄色纳纱彩云龙纹男单朝袍

身长 144 厘米，两袖通长 192 厘米

清乾隆　清宫旧藏

朝袍圆领，大襟右衽，马蹄袖，石青色披领绣彩云金龙纹。上衣下裳相连，周身镶饰石青色描金衣缘。袍在明黄色纱地上纳纱盘金绣龙纹，以五彩丝绒绣彩云及海水江崖等纹饰，色彩丰富，层次分明。衣身列十二章，不过下裳前后章纹对调，说明乾隆朝十二章排布位置有过改动。根据《大清会典》，此种纱料的明黄色夏朝服正是夏至时分皇帝亲往北郊地坛，祀地祭礼中穿用的祭服。

《皇朝礼器图式·冠服》　〔清〕冷鉴等绘　故宫博物院藏

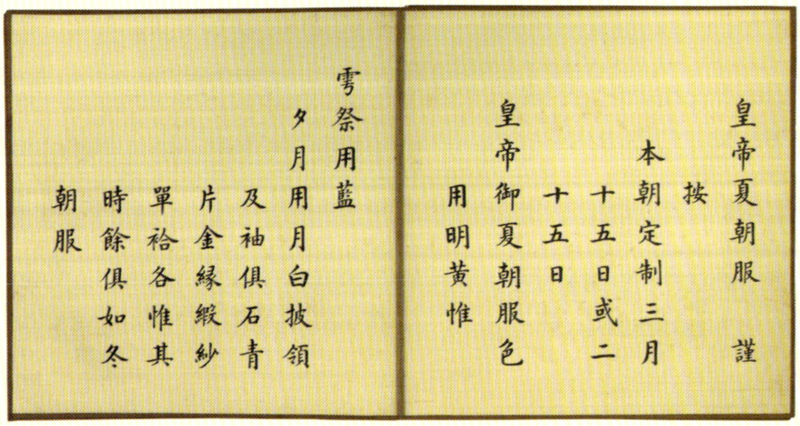

皇帝夏朝服 謹
按
本朝定制三月
十五日或二
十五日
皇帝御夏朝服色
用明黃惟
雩祭用藍
夕月用月白披領
及袖俱石青
片金緣緞紗
單袷各惟其
時餘俱如冬
朝服

十二章

日

星辰

龙

月

山

华虫

宗彝

火

黼

藻

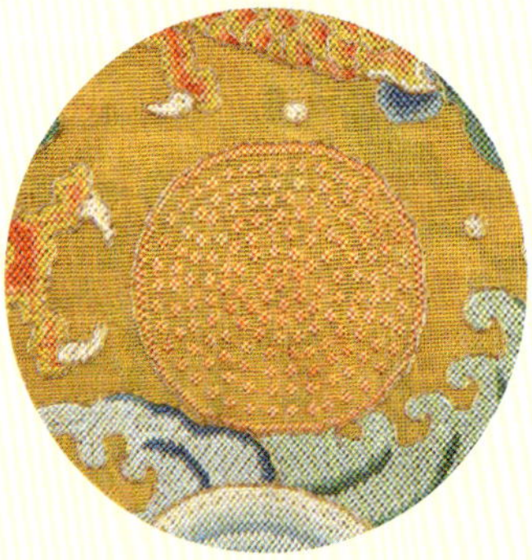
粉米

黻

命有命則從也堯典已訓昭爲明此重訓詳之皇天無
親惟德是輔人之所欲天必從之帝若能安所止非但
人歸之又乃明受天之報施天下太平祚胤長遠是天
之報施也天又重命用美謂四時和祥瑞臻之類也或
當前後非一故傳言又也周禮五家爲鄰取相近之義
故鄰爲近也禹言君當好善帝言須得臣力再言鄰哉
言君臣之道當相須而成鄭玄云臣哉汝當爲我鄰
哉鄰哉汝當爲我臣哉反覆言此欲其志心入禹
帝曰臣作朕股肱耳目【傳】言大體若身予欲左右有民
汝翼【傳】左右助也助我所有之民富而教之汝翼成我
予欲宣力四方汝爲【傳】布力立治之功汝羣臣當爲之
予欲觀古人之象【傳】欲觀示法象之服制日月星辰山
龍華蟲【傳】日月星爲三辰華象草華蟲雉也畫三辰山
龍華蟲於衣服旌旗作會宗彝【傳】會五采也以五采成

乾隆四年校刊

尚書注疏卷五　益稷

五

同治十年重刊

此畫焉宗廟彝樽亦以山龍華蟲爲飾藻火粉米黼黻
絺繡【傳】藻水草有文者火爲火字粉若粟冰米若聚米
黼若斧形黻爲兩己相背葛之精者曰絺五色備曰繡
以五采彰施于五色作服汝明【傳】天子服日月而下諸
侯自龍衮而下至黼黻士服藻火大夫加粉米上得兼
下下不得僭上以五采明施于五色作尊卑之服汝明
制之予欲聞六律五聲八音在治忽以出納五言汝聽
【傳】言欲以六律和聲音在察天下治理及忽怠者又以
出納仁義禮智信五德之言施于民以成化汝當聽審
之予違汝弼汝無面從退有後言【傳】我違道汝當以義

《武英殿十三经注疏・尚书・虞书・益稷》所载『十二章纹』

朝袍圆领，大襟右衽，缀铜鎏金錾花扣五枚，马蹄袖，上衣下裳相连属，裾左开，唯缺披肩。袍面以缂丝工艺织青绿祥云、金龙纹、火珠和海水江崖纹等纹样，以及有虞十二章纹等。此件大红祭服身形短小，纹样也为晚清风格，应是为同治小皇帝定织的朝日祭服。

大红色朝袍为清代皇帝祭服之一。皇帝春分当日在日坛，卯时（早六时左右）祭日穿用的祭服。朝日属中祀级别中最重要者，凡遇天干在甲、丙、戊、庚、壬的年岁，皇帝要亲往朝阳门外东郊登坛行礼，其余年份则可派遣官员致祭。朝日祀典上，皇帝御大红礼服，乐舞生的红色销金花服亦为同色系。

大红色缂丝金龙纹男夹朝袍

身长109厘米，两袖通长160厘米

清同治　清宫旧藏

《皇朝礼器图式·冠服》　［清］冷鉴等绘　故宫博物院藏

月白色缂丝金龙纹男夹朝袍

身长143厘米，两袖通长190厘米

清嘉庆　清宫旧藏

朝袍圆领，大襟右衽，马蹄袖，上衣下裳相连属，裾左开，这是清代礼服也是祭服的基本形制。此朝袍月白色，缂丝彩云金龙等纹样，应是皇帝亲祭夕月坛时所穿祭服。

月白色是清代服饰色彩中最普遍也是最重要的衣色，其淡蓝色相的呈现确实与月色相关，在古文献中又被称为“月色”或“玉色”。月色不仅是皇帝夕月礼的祭服色，也是很多朝服和吉服的衣里色。在宫廷日常生活中，清净高雅的月白色更是受到喜爱。皇家祭祀坛庙大多在黎明时分行礼，唯独夕月坛祭在秋分日酉时（晚六时左右）。凡遇地支在丑、辰、未、戌的年岁，皇帝要亲往阜成门外西郊登坛行礼，其余年份则派遣官员致祭。

《皇朝礼器图式·冠服》　〔清〕冷鉴等绘　故宫博物院藏

清代四郊四时祭服示意图

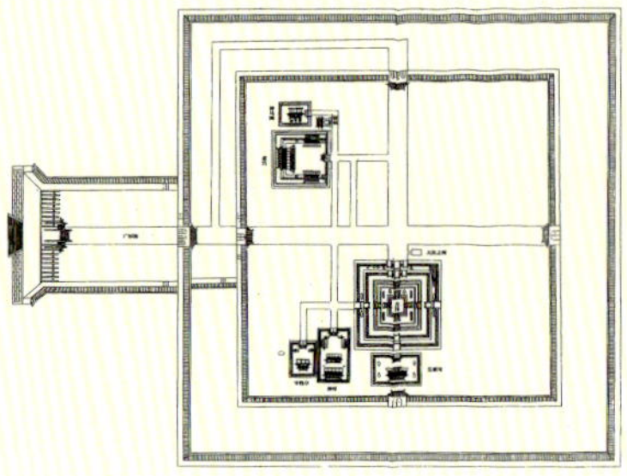

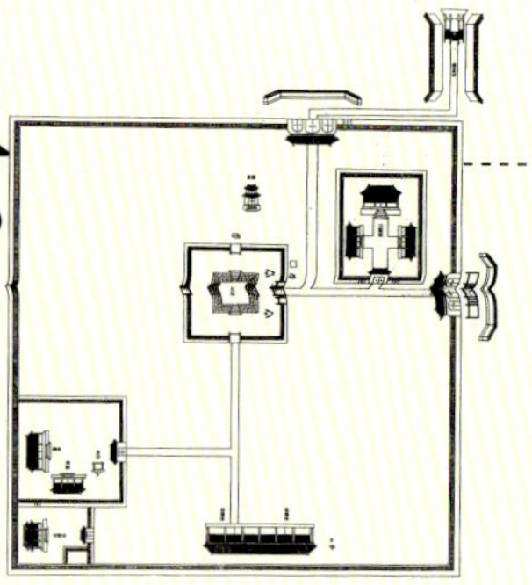

月坛

秋分

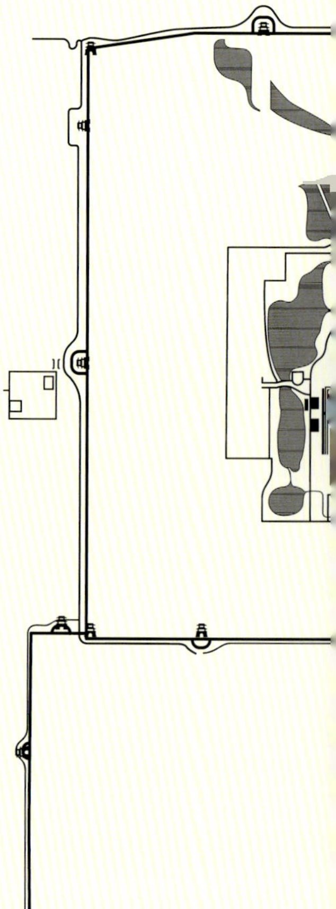

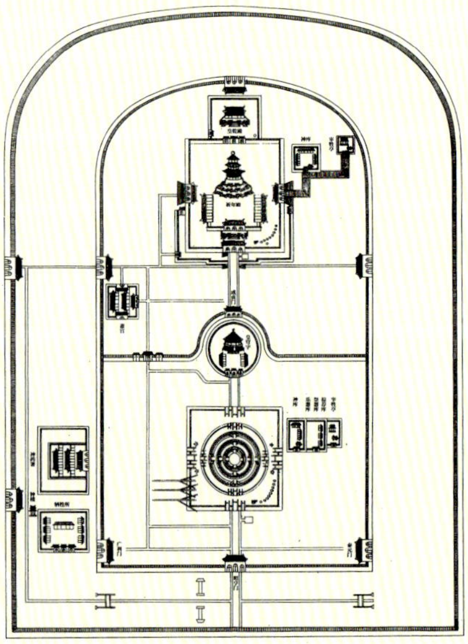

地坛

夏至

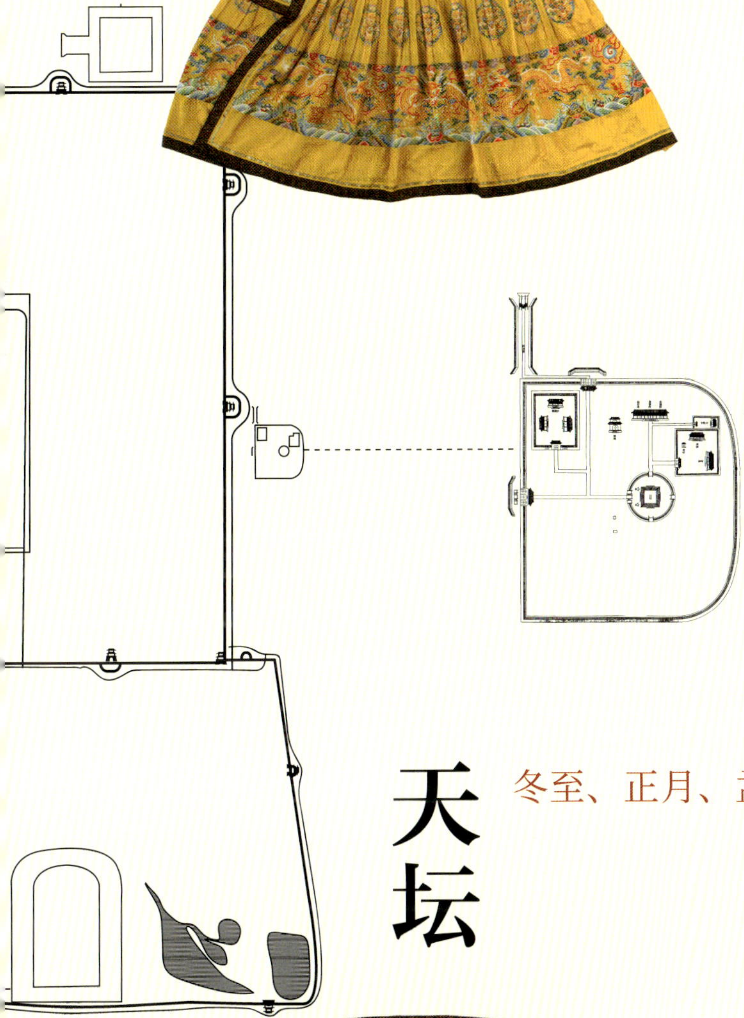

日坛

春分

天坛

冬至、正月、孟夏

正大光明

正大，而天地之情可见。履帝位而无疚，光明也。此四字出自《易经》，高悬于皇帝乾清宫的帝座之上，与之相应的正是清代帝后礼服用的明黄色。

在中华五色系统中，五行、五方、五色形成对应体系，黄色被定为中央之色，成为至尊之彩。帝王所用的黄色明亮温暖，是高可见度的色彩，显赫辉煌。隋唐时期，黄色已成皇帝常服衣色，而作为帝后专用服色写入制度始于明代。后金时，努尔哈赤就沿袭明制，黄色成为汗王专有。黄色作为王朝隆兴的背景色一度被史官涂抹在传说中。

清初，黄色虽然确立了尊贵的地位，但色调、色名都并不确切，黄色系中的秋香色、米色、鹅黄、柳黄等被一并归入臣民禁用之例。随着王朝统治的巩固和生产工艺的复兴，服色制度才愈趋明确。清代服色的等级体系最明显地表现在内宫皇后、妃、嫔的服色上。饱和度、纯度、明度最高的明黄，属于皇帝、皇后和皇太后。次一级的杏黄和金黄，加入了另一重要的等级色——红色，但降低了明度。而再低一级的香色则是融合了绿彩的黄绿色。香色的色域很宽，在宫廷服饰中应用很多，最显雅致。

明黄色

明黄色

香色

明黄色

香色

杏黄色

此件明黄色缂丝朝袍为清仁宗嘉庆皇帝颙琰的御用朝袍。清中期乾隆朝，礼仪典制发展已成熟完备，明黄色被确立为最高等级的尊色，帝后之下，唯亲身侍卫以及被恩赏荣宠者才会有用明黄色的情况。此袍用工艺卓越的双面缂，故可不用里衬，透气性更好。云龙等纹样依然承袭乾隆朝的风格。袍系黄条，条上墨书：“仁宗，黄缂丝描金边单朝袍一件。”

明黄色缂丝金龙纹男单朝袍

身长 148 厘米，两袖通长 204 厘米

清嘉庆　清宫旧藏

明黄色缂丝金龙纹女夹朝袍

身长 139 厘米，两袖通长 174 厘米

清嘉庆　清宫旧藏

此件明黄色缂丝女朝袍为清仁宗皇后的朝袍。与编号“故42491”的仁宗明黄色朝袍的纹样、色彩风格以及工艺水准都非常相似。此袍纹彩强调蓝、红晕色，彩云中紫色变得黯淡凝滞，是历史进入 19 世纪嘉庆、道光两朝的色尚现象。云、龙等纹样沿袭乾隆朝晚期风格并继续发展，龙睛变大，云头也变大变圆，红色蝙蝠纹也肥厚起来，开启了清晚期纹样风格的转变。

八团金龙纹夹袍香色缎地，右衽，左右开裾，马蹄袖，石青素缎袖口上有绣金龙海水纹花接袖，为清代女袍装饰特征之一。袍面为妆花工艺，织八团彩云金龙海水纹，下摆织海水江崖纹及杂宝纹。妆花工艺在清中前期已达极盛，纹样繁华，配色典丽，且在五彩之中多织入金线包边，如镶如嵌，金彩交辉，贵气十足。此袍配彩以蓝、绿、红、酱、秋香为主，五彩云水在晕色外还以异色互镶，色感丰富。袍系黄条，墨书：“香色缎织八团龙有水夹蟒袍*一件”，“乾隆五年五月初四日收”。此袍香色秀雅，纹彩悦目，纹样标致，基本呈现乾隆朝女吉服袍的典制标准。

*注：此类“夹袍”，黄条墨书原作“袷袍”，下同。编者注。

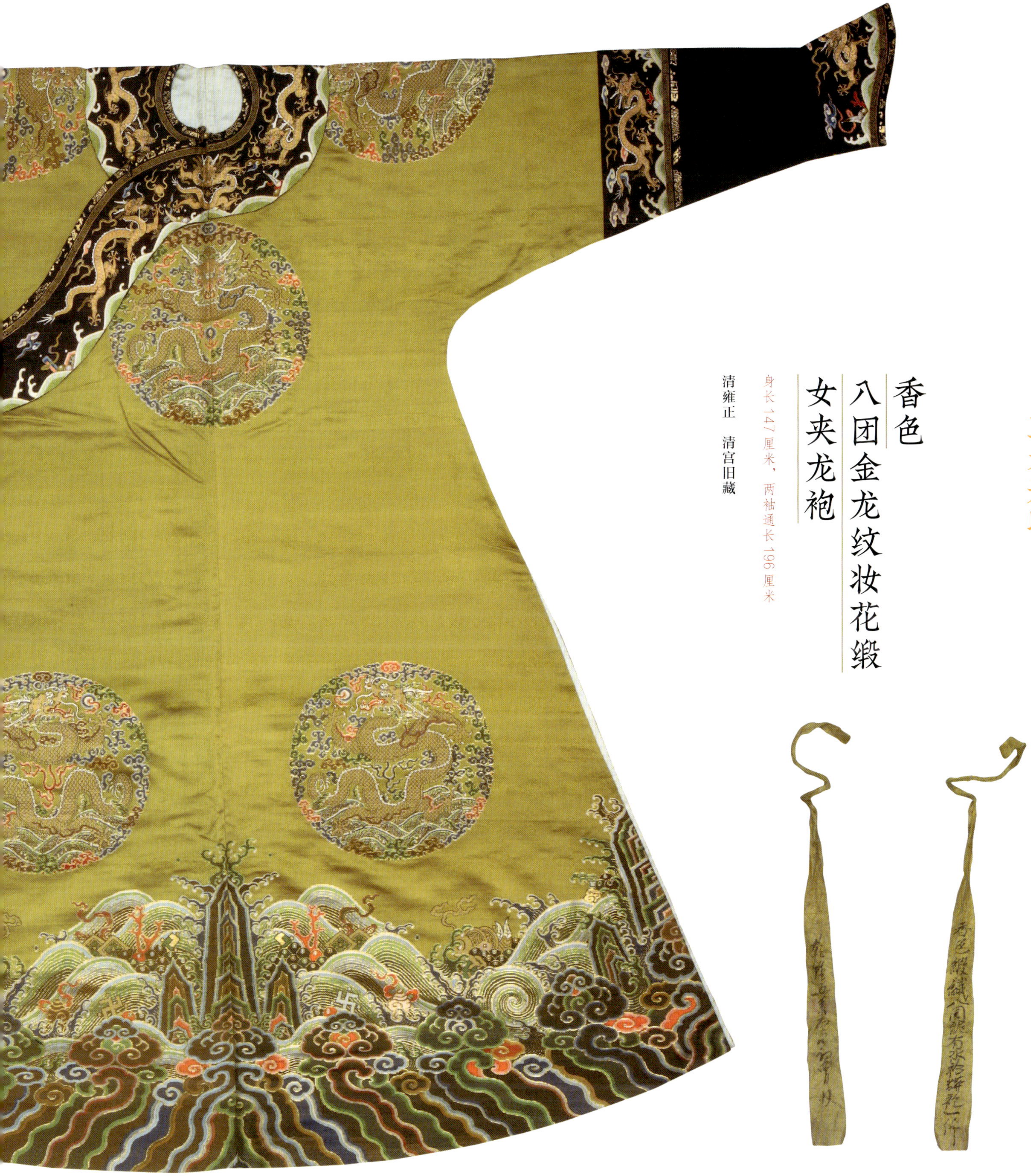

香色八团金龙纹妆花缎女夹龙袍

身长147厘米，两袖通长196厘米

清雍正　清宫旧藏

明黄色缂丝八团金龙纹女夹龙袍

身长141厘米，两袖通长181厘米

清乾隆 清宫旧藏

这是一件典型的清中期女八团吉服袍。“色用明黄，领袖俱石青，绣纹金龙九，间以五色云福寿，文采惟宜。下幅八宝立水。”此袍与乾隆朝《皇朝礼器图式》中所载基本符合，堪称标准。这件明黄色缂丝八团有水龙袍应为皇后穿用的吉服袍。

袍上所系黄条墨书：“明黄缂丝八团金龙有水夹袍一件”，“道光十三年六月二十一日收，沈魁交”。佟佳氏在嘉庆十三年（1808）底被赐册为皇二子旻宁的继嫡福晋。道光十三年（1833）四月二十九日，作为道光帝继后的佟佳氏病逝于圆明园的天地一家春，享年四十一岁。此件龙袍应为孝慎成皇后佟佳氏的遗物。

正大光明

杏黄色纱绣蓝龙纹女夹龙袍

身长149厘米，两袖通长180厘米

清道光　清宫旧藏

龙袍在杏黄色实地纱上绣蓝色龙纹，元青地的圆领、大襟、花接袖与马蹄袖都是与袍面章彩风格统一的配置。此袍衣色实为金黄色，橘黄偏红的色调，称为杏黄是抬高之意。此袍五彩云纹颇具特色，俗称骨朵云，云体主架构或蓝或绿，转折中生出灵芝头，是乾隆中后期流行起来的云纹。芝形云头多以红、香、藕荷三色镶饰，红粉色不张扬，藕荷色趋黯淡，只余香黄色被金黄地映亮。

袍系黄条上墨字："绣杏黄纱夹蟒袍一件。道光十四年五月十四日收，张和交。"嘉庆帝的诚贵妃刘佳氏于道光十三年（1833）十二月病逝，享年73岁，加谥为和裕皇贵妃。不知这件符合贵妃身份的金黄色吉服袍是否是她的遗物。

正大光明

香色缎绣金龙纹女夹龙袍

身长 144.5 厘米，两袖通长 181 厘米

清乾隆　清宫旧藏

此女袍为清宫吉服的经典样式。夹袍香色缎地，右衽，左右开裾，马蹄袖，石青素缎袖口上有绣金龙花接袖，为清代女袍装饰特征之一。袍面以金线绣九龙，以蓝、绿彩为骨架，辅以红、紫等彩，绣周身流云纹。

此袍香色秀雅，色彩悦目，纹样标致，比前朝香色更偏绿色调。袍系黄条，正面墨书“绣香色缎夹蟒袍一件”，背面墨书“六十三年二月初二日收”。嘉庆帝颙琰的元配、道光帝生母喜塔腊氏，被册立为后的第二年就去世了，因太上皇帝还健在，孝淑睿后喜塔腊氏的丧事办得很低调。此件香色龙袍或即她的遗物。

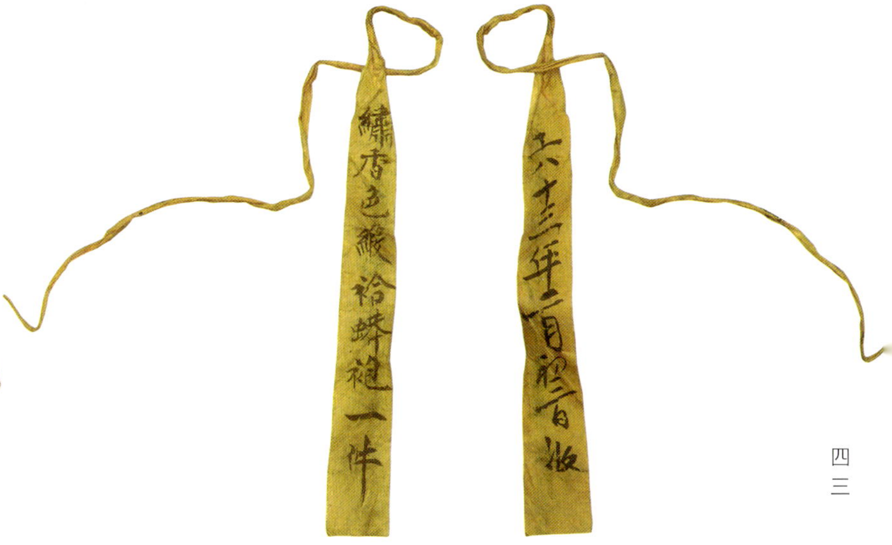

顺治

康熙

雍正

乾隆

补充阅读

清代官服的团纹与海水江崖纹

嘉庆

道光

同治

光绪

团纹、海水江崖纹都是承袭大明的传统纹样，继而在清代礼制服饰上极大发展起来。

团纹，饰于袍服显著位置：前后中心与对称的两侧肩头，还有下摆上方膝部。纹样常见有龙（蟒）纹、凤纹、寿字纹、喜相逢或四季花卉纹等。团纹图案自成一统，有主题有背景，君臣一体，五色俱备，七彩争艳，金光灿然。同一团纹样拿来置于常见的各种衣色上都不显丛杂，因为其色彩是圆满自足的。

升腾的云气、翻滚的海水与屹立的层层山崖，在袍下摆与前臂袖部位演化出绚烂而充满张力的纹饰，而下摆又是衣裳最富动感的部位。清早期，此处多为平水与升腾的祥云，清中期以后海水江崖纹在下摆位置增高，遂在翻涌的波浪下再加饰多种晕色带状的立水纹，将翻涌的云水高高托起。下摆的海水江崖纹不仅显耀着穿在褂内的袍之华美，加强了下摆的动态效果，而且让袍通身更有垂感，成为清代袍服纹样设计最成功的华彩，将中华衣裲传统的华丽装饰推向极致。

明黄色芝麻纱绣水墨兰花金团寿字纹氅衣料

衣长 126 厘米，两袖通长 185 厘米

清光绪 清宫旧藏

此为清晚期宫廷定制的女氅衣料。以两块明黄色芝麻纱拼幅为便袍料，在芝麻纱地上绣水墨兰花，并以圆金线绣团寿字纹，金、素交错。明黄地上起金团寿字富贵气十足，而水墨兰花遍体，又不失雅致娴静。再以元青色纱料绣出领、襟、袖及裾、摆部位装饰，以湖色纱绣出挽袖部位纹饰。

此种明黄色袍料、此种金团寿字纹，以及如此工整细致的刺绣工艺，在晚清朝廷中，必是慈禧太后老佛爷专属。慈禧太后初进宫时据传赐号为兰贵人，晚清宫廷织绣品中兰花纹颇多。此氅衣料上带根的兰花是晚清宫廷中兰纹的经典样式，水墨绣风也是当时流行的，彰显清雅的韵致。

此为晚清宫廷中女性便服面料，缂丝氅衣料直接依据衣形尺度织出，不同于拼幅匹料刺绣花纹的形式。氅衣杏黄色为地，以蓝、绿、红三彩缂织牡丹和寿菊折枝花叶纹样，在折枝花间缂织五彩凤纹。氅衣花样布局左右对称，总体风格平稳持重，与杏黄色的尊贵是相吻合的。

杏黄在清代的色彩等级中仅次于明黄，而在金黄色之上。在乾隆朝典制中，杏黄为皇太子夫妇的衣色，此后皇帝常将赏赐杏黄作为对王公臣子优隆的礼遇。

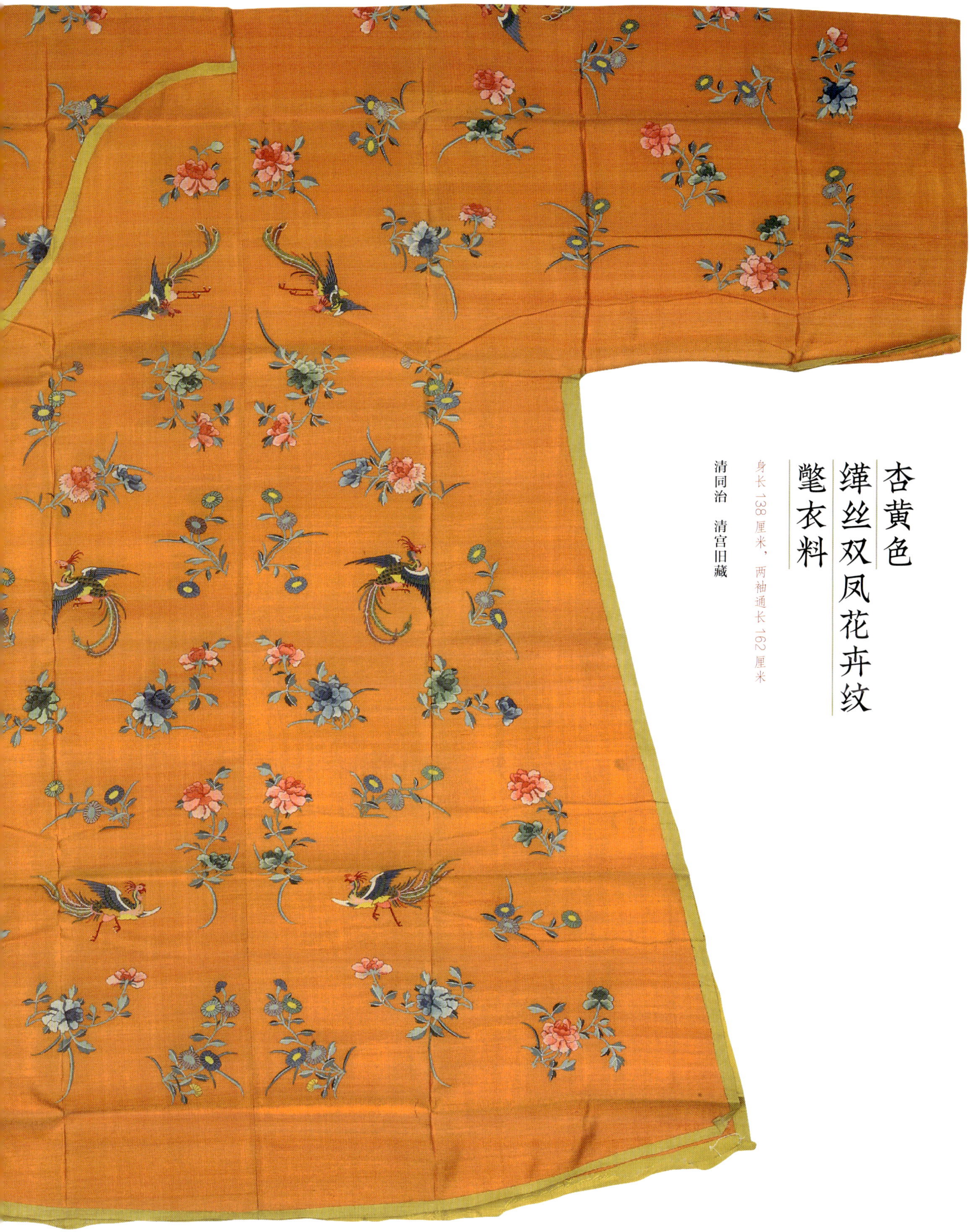

杏黄色缂丝双凤花卉纹氅衣料

身长138厘米，两袖通长162厘米

清同治　清宫旧藏

金黄色芝麻纱绣四季花卉纹氅衣料

衣长 139 厘米，两袖通长 144 厘米

清同治 清宫旧藏

氅衣面料为金黄色芝麻纱，按使袍形式以五彩绣梅、兰、荷、菊及万代如意纹样，取“四季如意”之意。纹样布局左右对称，各花形也不太大，散布周身。此袍金黄色似橘红的效果，是晚清金黄衣色特点，色调偏红。

米黄色绸绣浅彩梅蝶纹衬衣面料

衣长 129 厘米，两袖通长 150 厘米

清光绪　清宫旧藏

衬衣面料为绸绣浅彩折枝梅花、蝴蝶。衣料为两幅绸料对拼，一边绸料尚存机头款“浙杭谦吉永号内局本机”，衣料边记“细绣枝梅加洋蝶满襟旗衬衣”字样。

此袍绸料所染米黄色是当时非常流行的衣色，正是《竹枝词》中所谓“纱袍颜色米汤娇”，这“米汤”乃是日常小米汤温润亲切的娇黄。米黄色比鹅黄色更浅些更亮些，又不犯禁，遂为民间衣色增添了一抹明亮的色彩。

青深雅健

青出于蓝而胜于蓝。中国靛染历史悠久，是最早成熟的古代植物染工艺。靛蓝也是所有天然颜料中固色力最好的，经受岁月的磨洗后，在众彩褪去后仍能保持亮丽。这样的靛蓝自然得到了关外女真部落的青睐，通过贸易，大明的毛青布、翠蓝布成为满洲最常见的衣料。

满洲四旗原为黄、红、白、黑，后在增四镶旗时易黑为蓝。而蓝色也曾是八旗文武官员以及护军校精锐的甲面颜色。清人是如此喜欢蓝色，甚至会将龙袍上的龙纹主体纹样刷蓝，而三蓝晕色也成为近代最有生命力的纹样配色风格。

比月白、宝蓝等色更深沉的是青色。明代所谓“青”，大约为深蓝色，而清代所谓“青”，色调更深邃。《大清会典》不断完善后，将石青定为官服礼制中最主要的色彩，而天青、红青、元青也屡见于宫中穿戴档、奏销档和贡单中。可以说，清代最有代表性的衣色正是生生不息的青——凝重、坚毅、深沉、典正而有力，正可化用古人对太史公文章的赞美来形容：青深雅健。

康熙帝常服读书像 〔清〕 绢本设色 138 厘米×106.5 厘米 故宫博物院藏

此画像中，玄烨身着天青褂、宝蓝袍，暗花云龙纹隐隐闪现，展现了清代常服的高级形态。

孝昭仁皇后常服半身像轴 〔清〕 绢本设色 75.5 厘米×52.2 厘米 故宫博物院藏

石青色金龙纹妆花纱男夹朝袍

身长 150 厘米，两袖通长 240 厘米

清康熙　清宫旧藏

朝袍圆领，大襟右衽，马蹄袖，裾左开，附披肩，后背饰明黄绦珍珠、青金石背云各一。袍以二至三色晕的装饰方法在石青色暗花实地纱上彩织柿蒂形云龙纹及海水江崖等纹样。披领、袖边饰石青色云纹织金缎及三色平金边。领、襟缀铜鎏金錾花扣六枚。袍内衬蓝色四季花卉纹直径纱里，月白色云纹实地纱袖衬，披肩衬红色团龙如意云纹织金缎里。

此朝袍为皇帝礼服。其织工细致规整，色彩艳丽，构图丰满豪放，为清康熙朝江宁织造局妆花纱朝袍中的佳作。

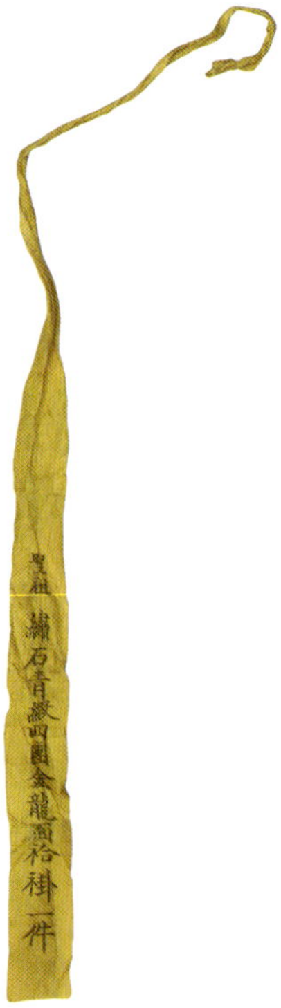
皇祖
繡石青緞四團金龍面袷褂一件

石青色缎绣四团金龙纹夹衮服

身长 105.5 厘米，两袖通长 146 厘米

清康熙 清宫旧藏

衮服圆领，对襟，平袖，在石青缎上绣四团彩云海水金龙纹，特别的是前胸、后心团纹内平金绣“福如东海”篆字纹样，两肩团纹内则平金绣“寿比南山”字样。石青缎青中隐红，团纹以蓝、绿色为架构，五彩齐备。附黄条墨书：“圣祖，绣石青缎四团金龙面夹褂一件。”此褂应是康熙帝在万寿盛典时外穿礼服褂。

无袖对襟式褂，石青色素缎面，镶三色金边和石青色团龙杂宝织金缎边，大红色暗团龙四合如意云织金寿字缎里。通身以五彩丝线和金线绣制纹饰。其中前胸、后背平金绣立龙各二，周围点缀五色云，下幅饰八宝平水。此褂是清代后妃在庆贺大典时所穿，石青缎色雅正，绣工精致，丝彩艳丽。

石青色缎绣彩云金龙纹夹朝褂

衣长130.5厘米，肩宽33厘米

清雍正　清宫旧藏

袍料在宝蓝色直径纱上绣五彩云、蝠、寿字、海水江崖、十二章及金龙等纹样。袍底料和绣线用色雅正，纹样可称清中期经典。

查乾隆朝《穿戴档》，进入夏季五、六月，宜穿这种透气性最好的直径纱制褂袍。此袍是《穿戴档》中称为“金龙袍”的吉服袍，在节庆和祭拜时穿用。宝蓝色是皇帝最常穿用的袍色之一，袍外会罩同样直地纱的石青（或红青）褂。

宝蓝色直径纱绣彩云蝠龙纹袍料

料长 172 厘米，料宽 154 厘米，两袖通长 132 厘米

清乾隆　清宫旧藏

青深雅健

十二章

火

龙

山

日

粉米

华虫

月

星辰

黼

宗彝

黻

藻

褂石青色缎，暗花团龙纹，圆领，对襟，平袖，裾后开，为清中期女常服。褂系黄条，墨书："览石青缎绵褂一件。乾隆五十年四月初四日收，敬事房呈。"从时间节点来看，雍正帝的裕妃于乾隆四十九年（1784）十二月十七日去世，享年九十六岁，谥号"纯懿皇贵妃"，位列雍正诸妃之上。这件常服褂应是其遗物。裕贵妃耿氏是和硕和恭亲王弘昼的生母，乾隆朝颐养寿康、慈宁宫时与皇太后弘历生母钮祜禄氏相伴四十余年，"慈宁随侍，亲爱尤深。兹年届九旬，实为宫闱盛事"。

石青色团龙纹暗花缎夹常服褂

身长 141.5 厘米，两袖通长 177 厘米

清乾隆　清宫旧藏

褂石青色实地纱，暗花团龙纹，即假纱地组织上以绞经纱孔组织显花。褂圆领，平袖，对襟，除领口鎏金小铜扣外，缀四粒大蜜蜡纽扣。裾左右及后开，内衬月白色暗花实地纱里。此为清中期常服，褂系黄条，墨书：“览石青纱夹褂一件。乾隆三十三年五月初五日收，敬事房呈。”此褂色青中有红，与青中偏蓝的天青染色有所不同。

石青色团龙纹暗花实地纱夹常服褂

身长144厘米，两袖通长178厘米

清乾隆　清宫旧藏

覽石青綢袷褂一件

蓝色团龙纹暗花江绸男单常服袍

身长140厘米，两袖通长209厘米

清乾隆　清宫旧藏

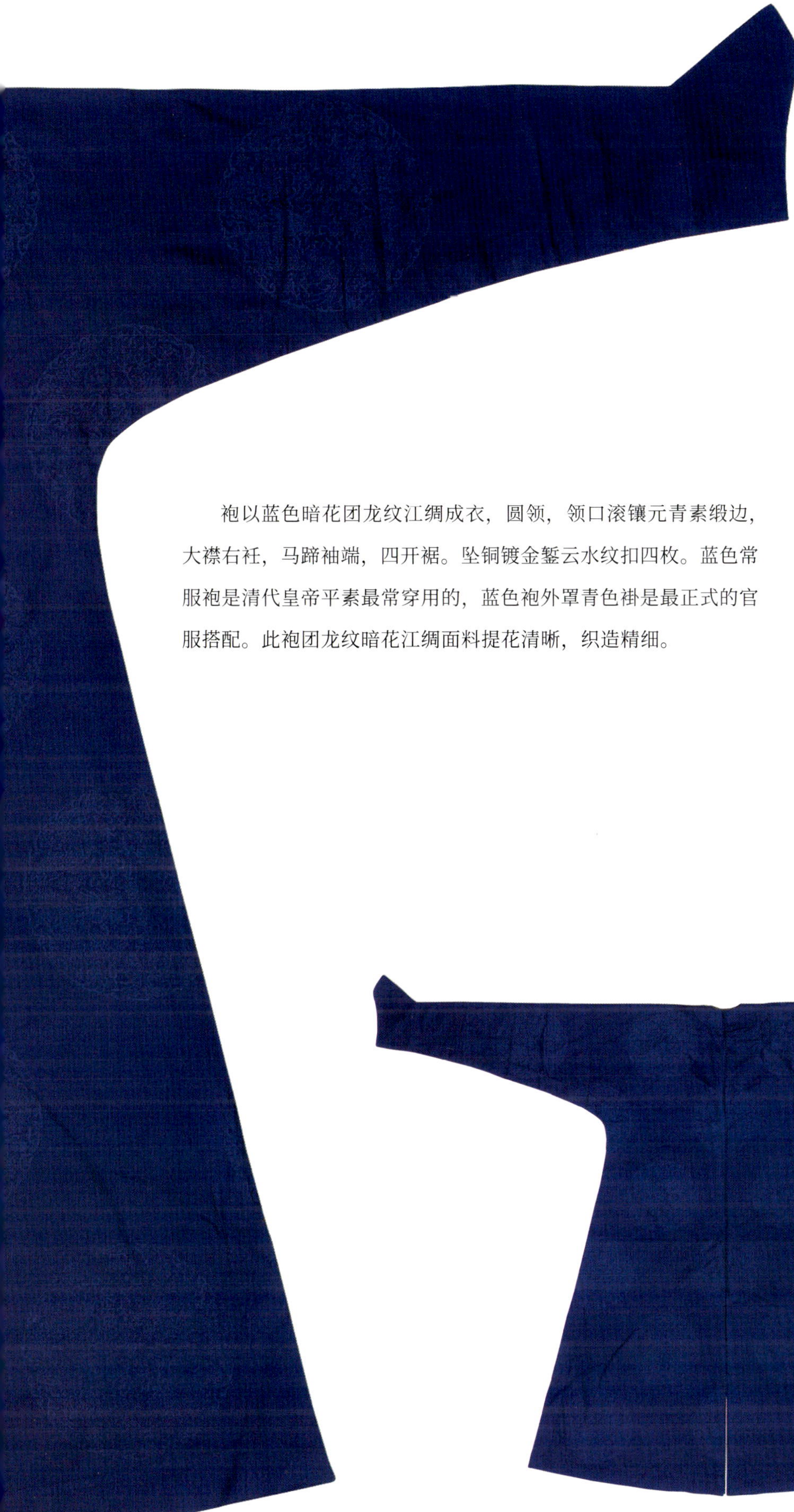

袍以蓝色暗花团龙纹江绸成衣，圆领，领口滚镶元青素缎边，大襟右衽，马蹄袖端，四开裾。坠铜镀金錾云水纹扣四枚。蓝色常服袍是清代皇帝平素最常穿用的，蓝色袍外罩青色褂是最正式的官服搭配。此袍团龙纹暗花江绸面料提花清晰，织造精细。

红青色

天青色

石青色

元青色

红青、天青、石青、元青

ᡶᡠᠯᠠᠪᡠᠯᡠ ᡤᡳᠶᡝᠨ ᠯᠠᠮᡠᠨ ᠸᡝᡥᡝ ᠯᠠᠮᡠᠨ ᠶᠠᠴᡳᠨ

青色作为清代最经典的衣色，其色相其实是非常丰富的。常见于典籍的色名有元青（玄青，避讳称“元”）、石青、天青、红青。其中的天青色常见于清前期的皇帝袍服，后来官服的褂色也多称天青。红青色则是乾隆时《穿戴档》中最常见的衣褂色。这些青色多多少少都是青中泛红的，可对应古代的“绀”，即深青透红之色。

从《清文总汇》看当时旗人对这几种深青的定义：

红青（满语音 fulabulu），“绀”。满语字面强调其火焰红的特征。

天青（满语音 giyen lamun），“天青色，比红青色略蓝些者”。满语字面强调靛蓝的色相。

石青（满语音 wehe lamun），“石青色，比天青色略蓝些者”。满语意为浓深之蓝。

元青（满语音 yacin），“圆青，即乌青也，元青，皂青”。满语意为青黑色相。

青金石龙纽『十全老人之宝』

通高5.8厘米，纽高2.6厘米，印面3.4厘米×3.4厘米

清乾隆　清宫旧藏

宝玺青金石质，蹲龙纽方形玺。乾隆五十八年（1793），已经八十三岁的乾隆皇帝命将他所作的《十全老人之宝说》和宝玺本文发往苏州，制作青玉、白玉、碧玉和青金石质宝玺四套，分置在避暑山庄继德堂、宁寿宫、长春园、重华宫。此套青金石质宝玺，乾隆帝放置于他的潜龙邸重华宫中。

印文：“十全老人之宝。”

國立北平故宮博物院古物館

青金石刻诗山水人物图山子

通高10厘米，宽9厘米

清乾隆　清宫旧藏

全器据钱维城山水画雕琢层峦、磴道、密林及山居、人物，并填金刻字《题钱维城山水二十种》之《御制翠峰晴叠图诗》:“复磴通幽不可知，层层密树拥嵚崎。紫烟生处翠峰竖，恰是香炉日照时。”此诗为乾隆三十四年（1769）正月初六，皇帝弘历在南郊祈谷斋居住时所作。

清代，青金石因“色相如天”，很受帝王重视，是祭天时的重要玉雕材料，其颜色亦称为“帝青色”或“宝青色”。宫中宸居空间里也常见青金石山子等陈设。清代，和田玉与青金石料都来自西疆回部。回部疆域平定，此类宝石石材便频频现身清宫各处。

御製翠峯晴疊圖詩
複磴通幽不可知
層層密對擁嶔嵜
紫烟生處翠峯豎
恰是香爐日照時

四季瑞染

春秋代序，节庆流转。棉夹纱裘，各惟其时。气候变了，年纪变了，等级变了，宫外的时尚变了，各宫主人的衣色也在变换。

芳菲映窗时，锦簇花团不仅盛开在宫苑的琉璃池内，也会借着丝彩绽放在后妃和皇子皇女的彩服花衣上。节庆期间，是穿吉服的时日，又称“花衣期”。在礼制等级之中，大家也有了争奇斗艳的机会。

黄色系中，除了尊贵的明黄、杏黄、金黄，还有香黄、鹅黄、姜黄、米色。

青色系中，除了官服常用的石青、天青、红青，还有雪青、豆青和虾青。

红色系中，除了象征权贵的大红，还有木红、绛色和粉红等。

蓝色系中，除了官服常见的宝蓝，还有月白、湖色和晚清的品蓝、品月。

紫色系中，除了清中期流行的藕荷、酱色和玫瑰紫，还有晚期的茄紫、雪灰和青莲。

绿色系中，除了宫中常见的官绿、砂绿，还有豆绿、葵绿、茶绿、果绿以及晚清洋色品绿等。

紫禁城的朝暾夕曛、阴晴雨雪中，朱红宫墙内，彩色琉璃瓦下，金琐窗中，衣色映着变化的天色，而不变的是人们对祥和如意的期盼。

喜溢秋庭图轴 〔清〕 纸本设色

181 厘米×202.5 厘米　故宫博物院藏

作于道光十三年的《喜溢秋庭图》，图中皇四子奕詝与父皇穿着同样的石青服色，暗示着他将继承皇位。刚刚晋升为皇贵妃，主掌后宫的全贵妃服色为香黄。穿绛红“福色”袍的皇六子奕䜣蹒跚学步，牵着他的是生母静贵妃，服色是偏绿的香色。而花坛边着粉红色氅衣的应是当时十七岁的彤妃。

喜

道光帝行乐图轴 〔清〕 纸本设色 111厘米×294.5厘米 故宫博物院藏

徵心正性

明黄色缂丝云蝠寿金龙纹男单龙袍

身长146厘米，两袖通长174厘米

清乾隆　清宫旧藏

龙袍明黄色，缂丝织九条金龙纹（其一在里襟）、十二章纹、五彩祥云、红色福寿（红蝠和桃实）、万代纹与圆金寿字，下摆杂宝五彩立水纹。此龙袍色彩丰富明正，缂织精细，花样工整端丽。其章纹体系高度成熟，纹样和配色都呈现乾隆朝后期的风格，为清中期向晚期过渡之始。此应为乾隆皇帝御用龙袍。

十二章

【左页】日——月

星辰——山

龙

——

华虫

宗彝

——

藻

火

——

粉米

黼

——

黻

蓝色纱绣八宝金龙纹男夹龙袍

身长135厘米，两袖通长202厘米

清乾隆　清宫旧藏

龙袍在蓝色纱地上绣金龙纹、五彩祥云和八宝纹样，下摆杂宝五彩立水纹。袍领、袖皆石青色，内衬月白里。此袍中腰折叠收短了身长，不知为何人改动。袍系二黄条，一条墨书“绣蓝夹纱蟒袍一件”，另一条书“三尺九寸”，为改短后龙袍长度。

蓝色与酱色是清中期以后官服最常用的两种衣色。

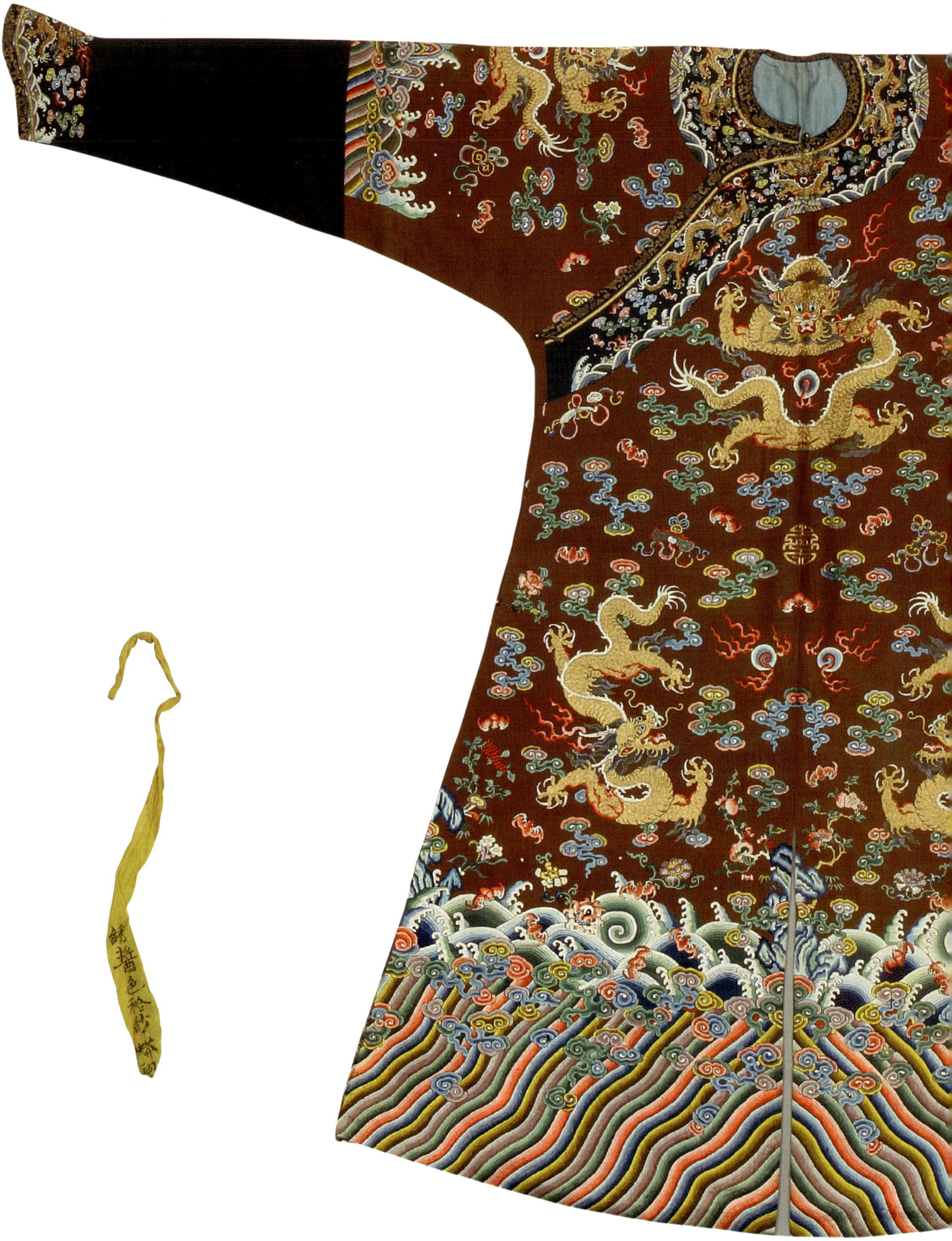
醬色

酱色纱绣灵仙祝寿金龙纹男夹龙袍

身长145厘米，两袖通长207厘米

清乾隆　清宫旧藏

龙袍酱色纱地，绣金龙纹、五彩祥云以及灵仙祝寿、吉庆如意等纹样。袍领、袖石青色，内衬月白里。酱色是清代制式服装中最常用的袍色之一。此袍色彩纹样属乾隆朝典型风格，唯下幅绣降龙纹是不多见的设计。袍系残黄条墨书："绣酱色夹纱蟒袍。"

此龙袍以缂丝工艺，通身饰九龙纹、云蝠纹、海水江崖纹，并万寿变体篆字以及有虞十二章纹样，这些都是乾隆朝皇帝龙袍的经典设计。而此袍与其他龙袍的显著区别在于其通身的三蓝色彩，这是不同寻常的色彩设计。此为皇帝在节庆时穿着的吉服，一定是由于祖先忌辰等原因，故而除去红、黄、紫等艳丽的色彩。这种三蓝风格也显示了清朝人对蓝色的喜好和靛染工艺的极度成熟，足以在衣服上只用不同彩度的蓝丝来织出世界。

蓝色缂丝三蓝云蝠龙纹男单龙袍

身长 146.5厘米，两袖通长 194厘米

清乾隆　清宫旧藏

女龙袍圆领，右衽大襟，裾左右开。领、袖以及左右臂中部花接袖都以石青地金龙纹妆花缎为饰。袍为定织的古铜色地团龙纹妆花缎料，团龙花样用色不同于一般——金线以外以青、蓝、绿、白为主，间以红色点缀，连火珠、火焰纹都用绿色。袍带黄条，墨书：“古铜缎织八团龙棉袍一件”，“嘉庆十二年十二月初四日收，敬事房交”。

此袍在古铜色缎地上强调了蓝绿色的装饰感，又以团纹中的红彩和珊瑚纽扣跳脱于沉着的古铜色之上，使这件女龙袍低调但并不沉闷。

古铜色八团金龙纹妆花缎女夹龙袍

身长148厘米，两袖通长193厘米

清康熙　清宫旧藏

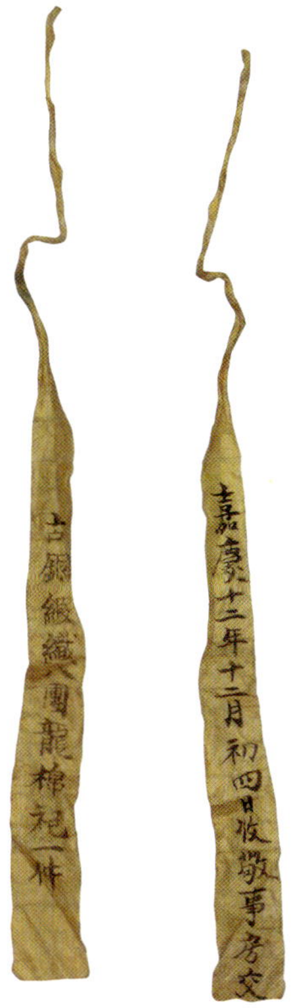

緑
乾

绿色纱绣八团金龙纹女单龙袍

身长 143.5 厘米，两袖通长 195 厘米

清乾隆　清宫旧藏

女袍在绿色纱地上绣八团彩云金龙海水纹，领、袖镶饰石青片金缘、二色平金及石青纱绣彩云蝠金龙海水纹圆领、大襟、花接袖及马蹄袖。此袍所系黄条残断，仅能看到“绿纱”“乾”等字样。美丽的绿色也是吉服袍中常备衣色。此袍之绿是乾隆朝较受宫廷喜爱的一种，绿色轻浅，温润如玉。

此女龙袍圆领，右衽大襟，裾左右开，镶中接袖，黑色素接袖，马蹄形袖端。在单层藕荷色芝地纱衣料上，以金线和五彩丝线绣八团彩云蝠花卉金龙纹。袍系黄条，墨书："藕色纱绣八团金龙单袍一件。乾隆四十二年十二月初一日收。"

此袍为宫中妃嫔夏季穿用的节庆服装，凉爽透气。藕荷色是清代服装最主要的装饰色之一，也被称为藕色或荷色，在康、雍、乾时期，这种淡雅的紫色色相表现最为美丽。对于清代宫内妃嫔来说，这样温雅怡人的藕荷色是不可或缺的衣色。

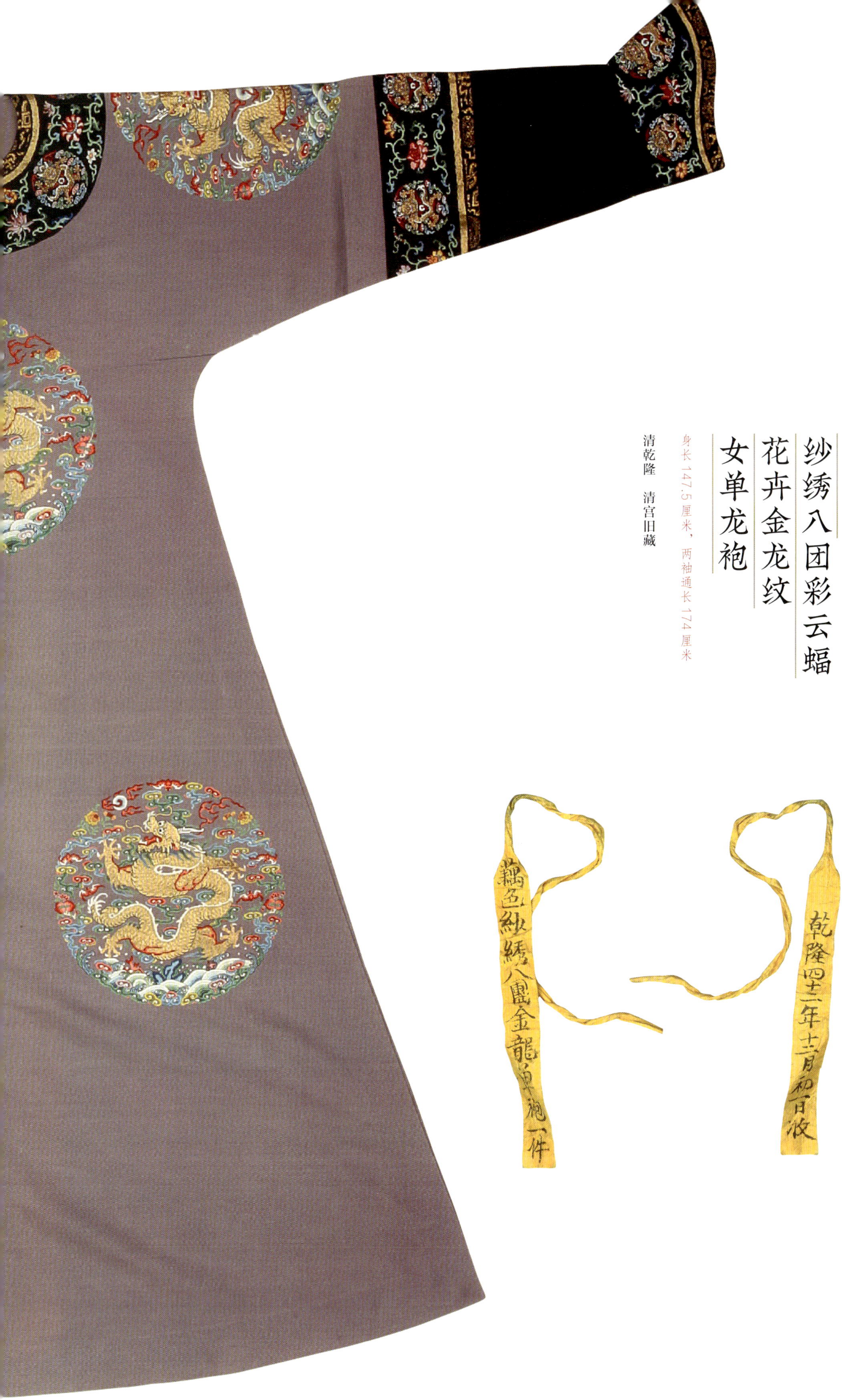

藕荷色纱绣八团彩云蝠花卉金龙纹女单龙袍

身长147.5厘米，两袖通长174厘米

清乾隆　清宫旧藏

女袍在酱色纱地上绣八团彩云金龙海水纹，领、袖镶饰石青片金缘、二色平金，以及石青纱绣彩云蝠金龙海水纹圆领、大襟、花接袖及马蹄袖。此袍系三黄条，其主要一条正面墨书："紫纱绣八团龙夹袍一件"，背面："嘉庆五年五月二十三日收，四执事交。"乾隆帝的颖贵妃巴林氏于嘉庆五年（1800）二月十九日去世，此袍或即颖妃的龙袍。

紫色是中国古代宫廷喜用的贵色。作为漂亮的间色，紫色相表现其实十分丰富。此袍在清代一般称酱色，而作为女袍，其红色更多些，沉着中又有俏丽。这种酱色袍在清中期妃嫔服色中颇为普遍，可参见乾隆朝宫中人像卷《心写治平图》。

紫色纱绣八团金龙纹女夹龙袍

身长149.5厘米，两袖通长184厘米

清乾隆　清宫旧藏

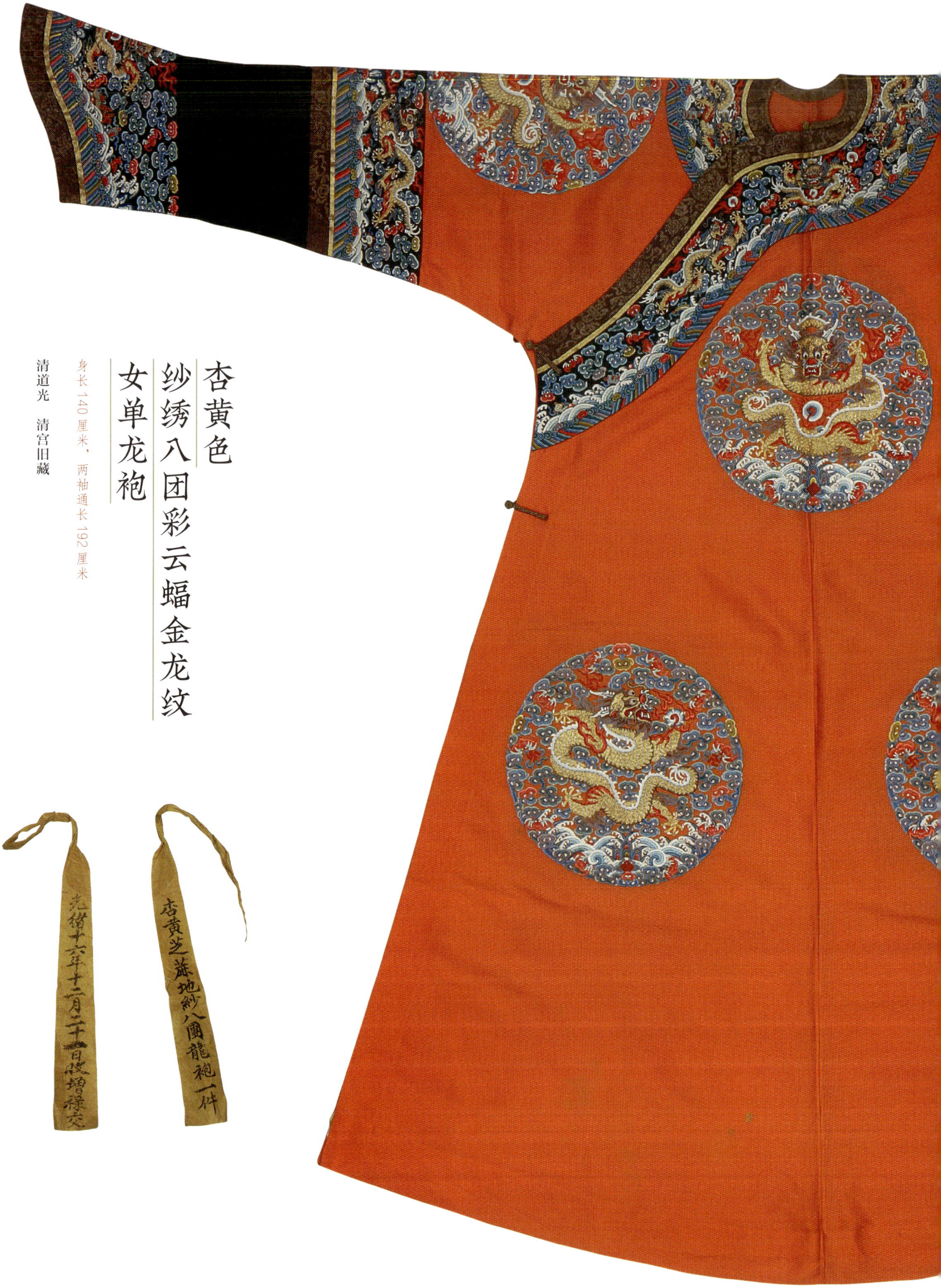

杏黄色纱绣八团彩云蝠金龙纹女单龙袍

身长 140 厘米，两袖通长 192 厘米

清道光　清宫旧藏

女袍在杏黄色纱地上绣八团彩云蝠金龙海水纹，领、袖镶饰石青片金缘、二色平金，石青纱绣彩云蝠金龙海水纹圆领、大襟、花接袖及马蹄袖。

杏黄色在清代宫廷典制中属于皇太子及太子妃的服色。然而即使在《皇朝礼器图式》中，杏黄与金黄也没有显示出很明显的色差，而且清代中期以后秘密建储制成熟，皇帝在位时不册立皇太子，故杏黄色作为低于明黄的尊色，常被用作笼络恩赏。这件杏黄龙袍色相其实较符合清代服制中的金黄色。

此袍所系黄条上墨书："杏黄芝麻地纱八团龙袍一件。光绪十六年十二月二十一日收，增禄交。"光绪十六年（1890）十一月，咸丰皇帝的玫贵妃徐佳氏与丽皇贵太妃他塔喇氏先后去世，此袍或是玫贵妃遗物。

酱色缎绣孔雀羽地金龙纹龙袍料

清嘉庆　清宫旧藏

袍料衣长150厘米，宽140厘米

此龙袍衣料在酱色缎上通铺孔雀羽线为地，又以捻金线和五色丝绒绣龙纹、云蝠纹、皮球团花纹及海水江崖纹。皮球花纹中以桃实、柿子、石榴、葡萄、荔枝、葫芦、瓜蝶及佛手为主题，组合为多子、多福、多寿等吉祥寓意。右前襟下行龙纹绣工未完。

此袍料酱色缎已褪色，通铺的孔雀羽线基本遮住缎料。孔雀羽为结构色，角度和光线变换时会呈现金碧交辉的色效。此类孔雀羽工艺的龙袍在清代宫廷服饰中也属稀有。

大红色羽缎单氅衣

身长 138 厘米，两袖通长 174 厘米

清同治 清宫旧藏

氅衣在清代晚期宫廷女性生活中是最重要的服装，反映了当时宫廷中将便服吉服化的穿用倾向，氅衣的色彩和装饰也日趋华美。此件氅衣以大红羽缎裁制，系黄条：“沈魁交大红羽绫单氅衣一件。同治二年五月十七日收。”

羽缎是当时权贵间流行的西洋进口织物，作为一种精细的毛织物，其大红染色也是西洋流行的猩红色。红色在清代是权贵之色，红帽顶、红织金里等都是为统治者的礼服、吉服而设计的标识色彩。

品月色缎平金银绣水仙团寿字纹单氅衣

身长137.5厘米，两袖通长132厘米

清光绪　清宫旧藏

氅衣是清晚期宫廷贵妇们的日常便服，而且在同治、光绪朝发展得越加华丽，其风头盖过了清宫传统的常服和龙袍，成为清末最有代表性的时尚女装。

此件氅衣圆领，右衽，宽平袖。直身式袍，左右开裾至腋下。领口一粒铜镀金錾花扣，大襟缀流行的币式扣五枚。氅衣面料为品月色素缎，缎面致密光亮，面上以金银线盘金绣水仙花和团寿纹，取仙寿意。宫廷常服、便服上的花样一般要与时令相配，水仙是秋天萌芽，初春开花，此件氅衣即在初春时穿用。其领、袖、襟、下摆镶饰织金万字曲水、元青地金银绣水仙团寿衣边及冰梅纹花绦，雍容华贵中平添了几分礼仪的庄重气息。

品月色是晚清的流行衣色之一，比传统的月白色更为靓丽，这种时新洋色再以光泽度极好的缎面呈现，丽彩照人。特别是以盘金银的手法绣大花纹，进一步彰显了穿着者的富贵身份。通过晚清宫廷照片我们可以知道，这样的纹彩和金万寿纹装饰，应是当时宫廷中地位最高的慈禧皇太后穿用的，后妃们的衣饰自然要逊让几分。

雪灰色牡丹桃纹暗花绸单衬衣

身长130厘米，两袖通长127厘米

清光绪　清宫旧藏

衬衣用雪灰色暗花绸制成，绸上织暗花折枝牡丹寿桃纹，寓意富贵仙寿。衬衣以蓝色波浪纹“栏杆”镶饰衣缘，金线滚边，并镶元青色蝠寿纹蕾丝花绦。

此衬衣用了宫中很生活化的装饰配色。雪灰色是清末流行衣色，是类似藕荷色的传统服色，但比藕荷色多了几分灰度，降低了彩度，更显安静。此衬衣的衣边镶饰以蓝和元青为主，雪灰衣色配品蓝色花绦，突显蓝色的幽趣，再以金线、金花点缀，元青色蕾丝花边则将绦饰最终归于礼俗的节制。此衬衣所镶水波纹“栏杆”和蕾丝花绦都洋味十足，与当时西方的流行品味也是大致同步的。

坎肩圆领，对襟，无袖，左、右及后开裾。在米色缎地上绣水墨素色菊花纹，可惜的是因花绦镶饰繁多，襟部花头被遮挡，只露出菊叶。边饰依次镶雪灰色缎淡彩菊花纹花绦、品蓝色缎鱼藻纹花绦与月白色地万字曲水织金缎边。湖色素纺丝绸里。领口小，缀一枚铜镀金錾花纽扣。衣襟缀铜鎏金机制币式纽扣四枚，扣板正面为鎏金蝙蝠，背面有“鲁麟”和“TREBLE GILT”字样，为当时的商号名及“三层镀金”品质之意。此坎肩面用料的米色即晚清流行的米色，清人《竹枝词》中引当时俗称色名“米汤娇”，意为像小米粥一样娇嫩的浅黄色。米黄、鹅黄等都是喜爱黄色服色的人们对帝后明黄尊色的避讳，所以流行的黄色向浅淡明艳发展。此袖繁缛的边饰、领部洋式的外翻领以及底部裙褶般的装饰都是晚清女性服饰的新流行风尚。

米色地绣水墨菊花镶边夹坎肩

身长60厘米，下摆宽84厘米

清　沈阳故宫博物院藏

编织花绦

板方17厘米×24厘米

清宣统　清宫旧藏

花绦缠绕于蓝布板上，以银灰色波浪纹曲条为主架构，间饰粉色洋花、黑色叶及小螺旋纹盘。此为进口洋花绦，在当时俗称“鬼子栏杆”，“鬼子”是清人对域外异族人的蔑称，“栏杆”即指镶饰衣边的绦带。

西洋绦带作为商品在中国销售和流行的历史很长，康熙时宫中就有各样金花绦带。至清中后期，随着对外贸易的发展，衣上镶饰花绦的风尚遍及全国，宫廷中女性服饰也受此影响，逐渐演变出晚清旗装袍褂的新宫样，而花绦则是女性袍服上最引人注目的装饰。

元青色织金浅彩牡丹桂花纹绦

板方28厘米×21厘米，绦带宽6.5厘米

清道光　清宫旧藏

花绦二寸宽，以浅彩和织金手法在元青地上织牡丹、桂花以及回纹边，寓意富贵春秋。清代，青色地织金衣缘是礼服、吉服的常规做法，而淡彩花样一般为中老年贵妇所用。此件花绦风格贵重而温婉，用色传统，应是宫廷中太后、太妃们中意的品种。

雪灰色缎地织金淡彩荷花纹绦

板方22厘米×28厘米，绦带宽5.8厘米

清光绪 清宫旧藏

花绦一寸五分宽，雪灰色缎地，以淡彩、金线显花，织出荷叶纹样。雪灰是清末非常流行的色彩，其色近藕荷，但灰度更多，色温偏冷，显得安静。花绦外包装龙纹黄封，正中印品名“一寸五分宽金线雪灰缎地淡彩荷花提花绦子一板”。

红灰色缎地织金荷花纹绦

板方23厘米×28厘米，绦带宽6.3厘米

清光绪 清宫旧藏

花绦二寸宽，红灰色缎地，以绿、月白、雪白和金线织荷花、荷叶造型。红灰为带灰度的红色，几分俏丽，而又有别于粉红的娇艳。花叶的处理也属淡彩，唯以金线织出茎、脉，及带缘的金边，烘托华贵气质。花绦外包装龙纹黄封，正中印品名“二寸宽红灰缎地五彩荷花金线提花绦子一板”。此为清末流行色组合，应是用于装饰夏季衣褂。

金地三蓝荷花纹绦

板方23厘米×28.5厘米，绦带宽5.8厘米

清光绪　清宫旧藏

花绦一寸五分宽，以金线织地，以蓝和深浅月白色丝织三蓝风格的荷花、荷叶纹。三蓝风一般效果较清静和寡淡，而花绦又以金线铺地，强调富贵气息，也许这样的设计正符合后宫中女人们的情境。此花绦所用蓝色大都是晚清靓丽却价廉的洋色。

湖色缎地织金水墨荷花纹绦

板方23厘米×28厘米，绦带宽6.8厘米

清光绪　清宫旧藏

花绦二寸宽，湖色缎地上以黑、灰、白丝织水墨风格的荷花纹，虽然湖色浅淡，水墨素净，但荷花茎、脉都用金线，为中老年贵妇所尚风格。清末，刺绣中以黑、灰、白等素色表现纹样的水墨风格流行一时，与三蓝风同领时尚。

品月色缎地织金淡彩菊花纹绦

板方22厘米×28厘米，绦带宽3.8厘米

清光绪　清宫旧藏

花绦一寸宽，品月缎地上以淡彩织菊花，菊叶织为元青色。品月色地恰似月下光芒一片。菊纹淡彩显得安静，菊叶纹虽做剪影处理，但又以金线织出叶脉，清静低调中流露出富贵气。花绦外包装龙纹黄封，正中印品名“一寸宽金线品月缎地淡彩菊花提花绦子一板”。

竹灰色缎地织金五彩百蝶纹绦

板方22厘米×27厘米，绦带宽6.3厘米

清同治　清宫旧藏

花绦两寸宽，竹灰色缎地，以金线及五彩丝绒显花织蝶纹翻舞。蝶纹基本由蓝色、酱色（紫色系）、红灰及金线组合，配色较符合中老年喜好。竹灰也是清末新流行色，为较淡的灰绿色调。花绦外包装龙纹黄封，正中印品名“二寸宽竹灰缎地五彩百蝶金线提花绦子一板”。

藕荷色缎地织金三蓝枝梅纹绦

板方22厘米×27厘米，绦带宽5.1厘米

清光绪 清宫旧藏

花绦一寸五分宽，藕荷色缎地上以金线和深浅蓝色织折枝梅花纹。晚清藕荷色愈趋深紫，应是以进口化学染料染成。金线织梅花芯部辐射状的花蕊，经品蓝色花瓣衬托，随衣缘荡漾之际会有出彩效果。花绦外包装龙纹黄封，正中印品名“一寸五分宽金线提三蓝枝梅藕荷缎地提花绦子一板”。

宫廷服饰上的衣缘与花绦

中国古代服装除传统的上衣下裳外，还有上衣、下裳分裁后缝合的深衣。深衣为士大夫的日常便服和百姓的礼服，衣缘要“纯之以彩”。至清代，石青片金的领襟袖裾等衣缘镶饰更是礼服、吉服制度所规定，常服与便服是不饰衣缘的。

然而，身处日渐开放的世界，在贸易推动下，时尚浪潮不断涌起。道光时的闺阁女装“阔花边样爱苏州”，甚至有“寻常一倾细衫子，只见花边不见绸”的时尚。光绪时则有“女袄无分皮与棉，宝蓝洋绉色新鲜。磨盘镶领圆如月，鬼子栏杆遍体沿”装点北京的风景。这种时尚花绦不仅遍及国内大江南北，而且催生了晚清宫廷女装风尚，近代旗装登上历史舞台，并汇入中华经典。

葵色朵兰纹绉绸

幅宽55厘米

清同治　清宫旧藏

绉绸黄绿色，起暗花朵兰纹。绉绸料外附黄封：“管理江南织造兼龙江西新关税务臣庆林谨制。上用葵色朵兰绉绸壹匹。同治拾叁年月日。”说明此件匹料是派往江南织造的庆林督造的。“上用”即为供帝后使用的绸缎。葵色是晚清较受欢迎的绿色系色彩，也有写作秋葵色的。

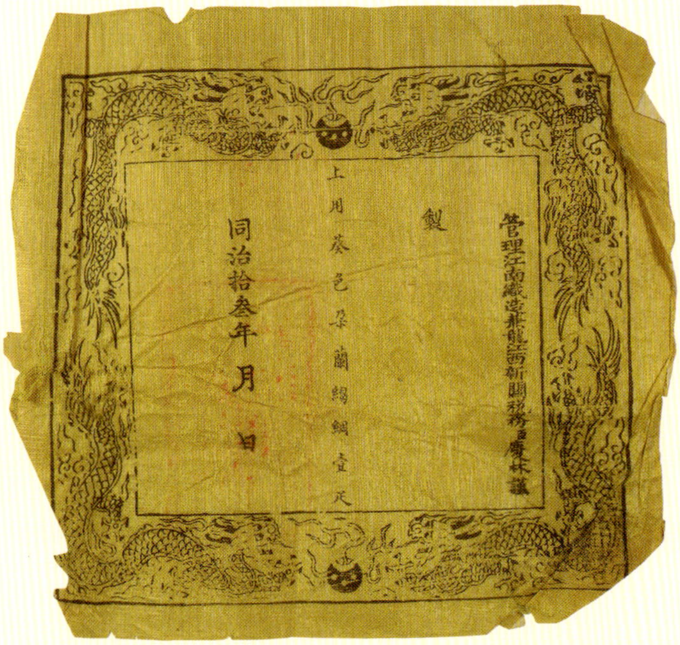
管理江南織造兼龍江西新關稅務臣慶林謹
製
上用葵色朵蘭绉綢壹疋
同治拾叁年　月　日

金黄色荷莲双喜纹线绸

幅宽79厘米

清光绪　清宫旧藏

线绸金黄色，织暗花团荷莲双喜纹。匹料外附黄封："管理杭州织造兼管南北新关税务臣明勋恭织。赏用长二丈五尺小卷线绸。二则荷喜金黄一件。光绪十七年月日。"匹料机头织款："杭州织造臣明勋。"此绸料的金黄色非常端正，也很漂亮，虽是赏用小卷匹料，但内局织染质量保持较好。

月白色兰菊梅蝶纹闪缎紧身料

幅宽77.5厘米

清光绪　清宫旧藏

此为闪缎紧身料，月白色缎地湛蓝静朗，玫红色纬线显花，按定制的紧身料花样织纹。紧身料主体纹饰为兰、菊和秋海棠花卉纹样，衣缘镶饰如意云头也都织好，内外宽窄两道皆为梅蝶纹。机头织款：“浙杭王永泰纯纬幕本库缎。”此为晚清从杭州民机商号采买的衣料，可能是织造局采进，或为官员贡进宫廷。此闪缎衣料配色美丽，织纹精致，是晚清杭州丝绸精品。

红色云蝠八宝纹织金缎

幅宽77厘米

清　沈阳故宫博物院藏

织金缎大红色，以云蝠间八宝纹样。缎面光亮，色彩艳丽，织金纹样不仅清晰，更呈现凸起的效果。云蝠及八宝皆为清代宫廷织物上最常见的吉祥纹饰。

内府的织金绸缎作为宫廷御用品，因织成后要交进宫廷缎库，亦称库金。其装饰效果强烈，雍容华贵，不同凡俗。大红色的织金缎在宫廷服饰中常用于礼服内里。

红色缂丝鹤寿图团扇

清

通柄长50.8厘米，扇面上宽30厘米，下宽26.5厘米

清宫旧藏

扇呈上宽下窄的方格委角形，扇面缂丝黄地，中央以云纹围合圆光。内大红地上缂织桃树下双鹤，一鹤凌云，一鹤舞于海水江崖上，为贺寿之意。此扇规整的形制、明黄地红补子般开光的缂丝扇面，以及缂织图案之典雅精致，都展现出清代中期内府工艺的盛世风貌。扇骨包锦，下连红木柄，柄身雕刻填金芝云纹，柄尾镶象牙如意云头。柄与扇体连接处有梅花形五出护托，一面是卷莲纹染牙，染绿牙头，另一面是红缎地刺绣花卉纹。此扇各部位色彩配合协调，红、黄搭配主色调贵重大气，缂丝工艺上等，应为宫廷中帝后御用团扇。

杏黄色绸绣海棠花鸟图团扇

通柄长45.2厘米，扇宽31.5厘米

清 清宫旧藏

扇六瓣海棠形，扇面在杏黄绸上刺绣一树海棠花，枝间立白头鹎一只，树下石竹花一丛。扇骨包裹金黄色龟背万字锦，中间护托在绿色绸上绣海棠花纹，扇柄鸂鶒木雕刻松石纹，柄尾缀杏黄色绦穗。此扇色彩靓丽而有节制，春天景色的处理高贵而不俗艳。杏黄、金黄在宫廷中都是高等级的权贵之色。

月白色缂丝石榴花鸟图团扇

通柄长 47 厘米，扇宽 30.6 厘米

清　清宫旧藏

扇百合形，扇面月白色缂丝一树石榴花，树上一只白头翁鸟。扇骨包黄色龟背万字纹锦，护托以红绸绣朵兰为饰。紫檀木雕云蝠纹柄，两端染绿牙头，柄尾缀杏黄色绦穗。此扇缂丝画面为夏日花鸟景象，以月白冷色调为地色，既衬托了榴花的红火，又营造了夏夜清凉的氛围。

绛色纳纱绣佛手花鸟檀柄团扇

通长47.3厘米，扇宽33厘米

清　清宫旧藏

扇八葵瓣形，扇面以绛色直径纱为地，薄如蝉翼，以纳纱工艺绣折枝佛手、菊花及悄立枝头的一只五色小鸟。由于纱孔间距较大，故细看可见颗粒状色点，极富质感，这正是纳纱绣的独特效果，看似疏放，实则精细。鸟翅以绿色单股丝线表现长羽，尤显细腻。扇边饰四组皮制彩绘几何卷草装饰，与纳纱绣画面相映成趣。扇面下部护托上的蝠寿图案也是此类做法。扇骨裹以黄色龟背万字锦，下连檀木制扇柄，阴刻竹、桃、灵芝、水仙等四季植物，填涂蓝色，有“灵仙祝寿”的吉祥含义。柄两端镶染色虬角，尾端缀以黄色绦穗。

石青色江绸绣金龙纹高腰棉袜

高59厘米，脚掌长25厘米

清康熙 清宫旧藏

袜分上下两截。袜口镶石青色片金缘，并饰二色金滚边。上部袜靿以石青色暗花云龙纹江绸为地，以圆金线绣金龙戏珠，以蓝、绿、红三晕色绒绣龙发、鬣、鳍、彩腹以及火焰、如意云纹等，再包金边。绣工尚有明代遗风，装饰华丽。龙鳞用明代以来的垫绣手法，片片凸起，有浮雕感，使龙纹更生动有质感。下部袜底接以白色暗花绫，内絮薄绵，柔软舒适。此袜为吉庆典礼时穿用。

酱色彩云鸾凤纹缎高腰棉袜

高46.5厘米，脚掌长23厘米

清康熙　清宫旧藏

棉袜高袎式。袜口镶石青色勾莲云纹片金缘，并钉饰二色金边。袜内絮丝绵。袜靿部位用酱色妆花织金缎，片金鸾凤飞舞于各色祥云之间。下部以白色绵绸纳袜底。绵袜妆花织金缎精美华贵，是康熙朝后妃冬季配在高靿靴内的穿用之袜，反映了清初宫廷中满族妇女尚保有满蒙妇女的穿靴旧俗。

石青地金竹兰褂襕样

纸样 21.7厘米×9.3厘米

清

清宫旧藏

褂襕样绘制在一张短小的纸上。清代“褂襕”，即长款的坎肩。此画样设计主要展示金线竹纹、兰纹在青色衣地上的效果。上贴纹样主题“竹兰”二字，下贴黄签“臣沈贞恭画”。纸样背后墨书：“照此样紧身一件，马褂一件。”

紧身，在清代指贴身无袖上衣或小袄，宫廷中又写作“锦身”。马褂则为对襟上衣，自行服褂演变而来，长不过腰，短衣短袖，与袍服搭配穿着则为正式的常服。沈贞是晚清如意馆画师，“沈家是如意馆中势力最大、人数最多、供职时间最长的画士家族”（《晚清宫中画家群：如意馆画士与宫掖画家》，李湜）。

黄地福缘善庆衣料样

纸样 13厘米×10.4厘米

清

清宫旧藏

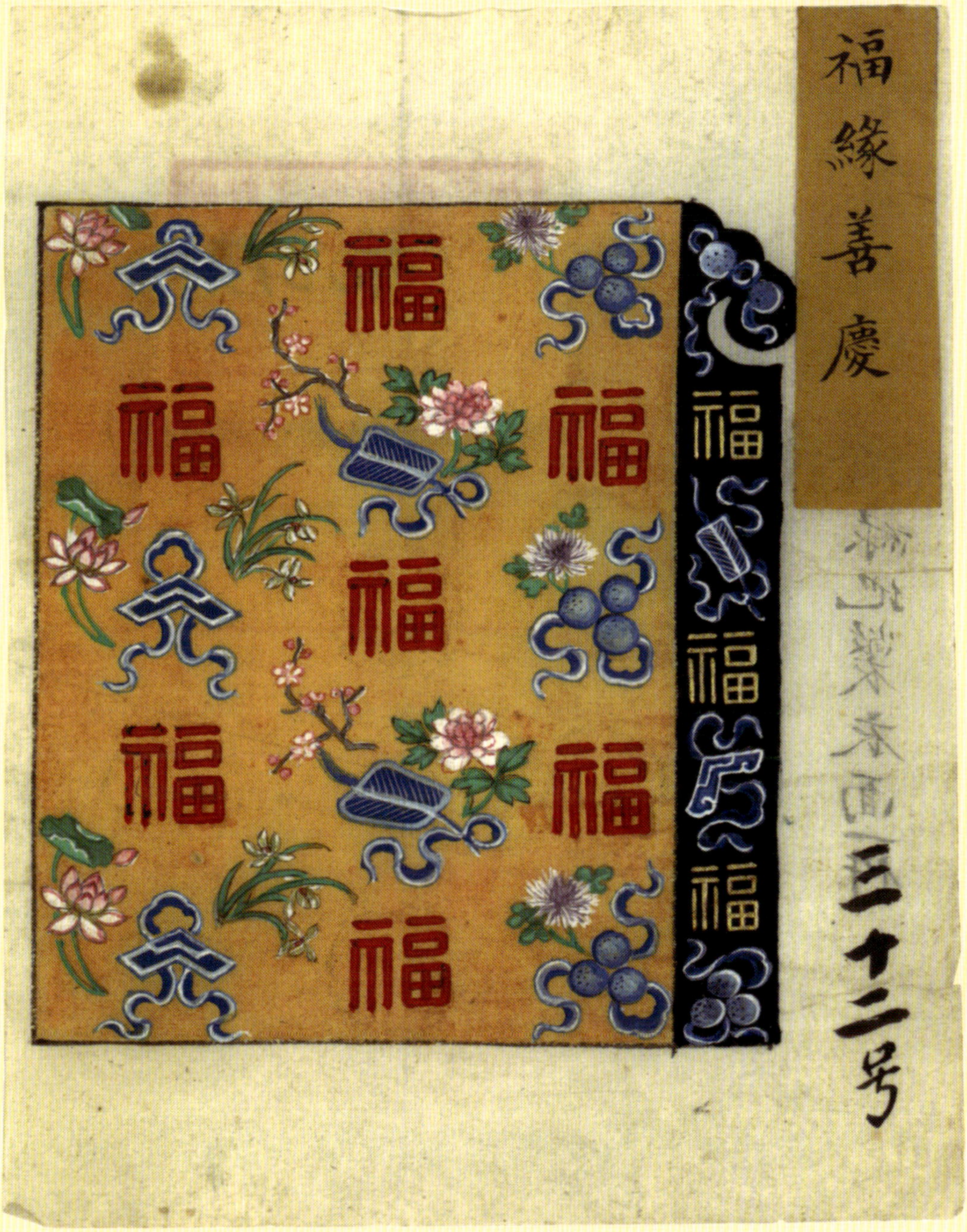

衣料花样绘制在方寸纸样上，为四方连续图案的单元纹样。衣样黄色地，搭配传统的青色衣缘，花纹为红色福字与三蓝风格的香橼、扇、磬，再间饰梅、兰、荷、牡丹、菊等四季花卉，组合为“福缘善庆”吉言纹样。由此可见清代宫廷服饰的配色手法。

点翠瓜蝶纹头面

盒宽34厘米，头面纵18.5厘米，厚3厘米

清 清宫旧藏

点翠头面近似半圆形，以花叶勾连衬底。头面上下左右四团花蝶，围住中部五对瓜纹，寓意瓜瓞绵绵，子孙昌盛。头面通体用蓝色翠羽点翠，局部花、蝶纹使用颜色较深的翠羽点翠，瓜蒂和花蝶又以金边装饰。

头面是清代吉庆场合后妃穿着吉服时头上所戴钿子的装饰物。头面色彩明丽、色泽柔和，花纹纤细奢华。清代，翠鸟羽在宫廷装饰工艺中大放异彩。

伽南香带珠宝喜字纹十八子手串

通长24厘米，内周长21厘米

清　清宫旧藏

十八颗伽南香珠雕刻喜字纹，珊瑚结珠与佛头雕刻双喜纹，背云为翡翠小荷叶夹一粉碧玺金鱼，上下饰珍珠二粒，蓝宝石坠角两个，明黄绦串饰红白米珠。伽南香珠的贵气沉稳与红珊瑚结珠的喜庆气质，以及鱼戏荷叶背云的鲜丽活泼相互对比与映衬，出色诠释了宫廷喜庆氛围中主人尊贵持重的气质。

金镶翠戒指

内径1.7厘米，
外径2.2厘米，宽0.8厘米

清末

戒指翠质，马镫形，戒面艳绿，戒身包素金。此件翡翠金戒为溥仪随身物品。晚清时期翡翠是最受青睐的宝石料，权贵们对“水头”足的高翠更是趋之若鹜，其价贵赛金玉。但高翠珍稀，在翠料中也分布不均，故戒指这种精小首饰更适合取料和巧做。此件马镫戒特色在于金镶玉的色泽搭配与互相衬托，不加纹饰也惹人注目。

金胎穿珍珠手镯

外径6.55厘米，镯宽1厘米

清　沈阳故宫博物院藏

手镯圆形，金胎，外圈中间开凹槽，镶嵌珍珠一圈，口边为金累丝乳丁纹。金镯内壁刻有“其祥”“足金”字样。此镯为末代皇后婉容之物。

白色绫地钉绫蓝夔龙纹罐式荷包

总长33厘米，长9厘米，宽5.5厘米

清道光　清宫旧藏

荷包为陶瓷罐造型，以蓝色暗花绫收口，并剪出夔龙、云纹等青花瓷罐装饰纹样钉绣于白色绫地上。

青花瓷自元代兴盛，数百年不衰，其影响直至今天，成为中国瓷器的代表。蓝、白色花地应用于织绣饰品上有浓郁的民族风情，兼有丝绸、陶瓷工艺相互模仿借鉴的意趣。

青色缎口满纳夔龙长寿纹荷包

总长39厘米，荷包长10厘米，宽12厘米

清嘉庆　清宫旧藏

此件荷包为青色缎口，荷包在黄色纱上纳夔龙（拐子龙）纹和大红寿字图案。明黄绦上结雕寿字珊瑚豆。

荷包为日常佩戴之物，也是节令时皇帝赏赐宗亲大臣的礼物，通常也会赐予西藏高僧。图案由宫中如意馆绘制，内务府监督成批造办。

黄色缎平金绣海水金龙纹荷包

通长24厘米。荷包长9厘米，宽8.5厘米，厚3厘米

清光绪　清宫旧藏

荷包为黄色缎上盘金银线钉绣二龙戏珠与海水纹。纹样简约，富于童趣，荷包的黄缎与黄绦的色彩也较明艳，或为清末进口的洋色所染。

锦绣云天

衣裳有色，章纹有彩。在织物上呈现多彩的图案，通常有染织、刺绣、印染和笔绘四种工艺，清宫彩服上都有应用。而传统服装以多彩的锦、绣工艺最为贵重。清代，多重组织的锦在服装上的高贵地位被妆花织物和缂丝工艺取代，而刺绣也成为宫廷服饰纹彩最主要的工艺载体。

清代宫廷用锦以宋锦为风雅，以洋锦为时尚，以花锦为绮丽，以金锦为荣华。锦装遍布宫室、戏台、佛堂、书斋，与收藏珍玩的库房。清代锦承袭明锦，在康、雍、乾三朝皇帝督促官营织造用心经营下，清代织锦创新颇多，形成了独特的风格和新的时代面貌。

蓝色地团龙纹天华锦裱片

裱片长66.6厘米，宽26厘米

清康熙　清宫旧藏

此锦纹样方格架构，俗称天华锦。在方格交织点上饰以圆形开光的龙戏珠纹、方形委角开光内卷草纹，以及八出的绳结纹花。格子间以各色彩纬织八宝纹样。锦是中国传统织物品种，历史悠久，以多彩为上品。此锦以宝蓝色丝织地色，纹样用玉色（淡蓝）、香色（黄褐）、草绿及红褐色等彩纬织成，配色明丽温和而富于变化。此锦独具匠心的是以极细的片金线铺织雷纹锦地，且为所有主要纹样包镶金边，金彩交织，高雅而贵重。

此锦纹样有浓厚的仿古意趣：上古青铜器上的雷纹、“亞”形纹，古玉上的绳结纹，以及唐宋流行的卷草纹、龙纹都汇集锦上，显示出清初宋式锦崇文慕古的典雅气质。

蓝色地缠枝牡丹纹锦

幅宽 72.5 厘米

清雍正　清宫旧藏

此锦蓝色不规则经面缎纹地，以片金、大红、酱色、藕荷、青、绿、月白等色织缠枝牡丹纹。花朵硕大，枝叶翻卷，每行四则，行与行呈“匀罗摆”式交错排列。花纹用二晕，金线包边。

云锦中的抹梭妆花锦缎，以通梭织造同一纬向上的并列循环花纹，然后分段换色，变幻上下花色。因是通梭彩纬，所以此种锦缎不能像挖梭妆花工艺般逐花异色，每段彩纬也不过四五色，但换彩的局限恰恰塑造了清丽明快而不俗艳的风格。

粉色地斜万字三多纹锦

幅宽74.5厘米

清雍正　清宫旧藏

花锦粉色地，以曲水万字不到头纹为锦地，织缠枝桃、石榴、佛手及荷花纹样，逐行换色。花纹用彩以绿色铺衬枝叶，青、红、黄及肉粉色轮番组合，又都以光亮的白色衬托边缘。此锦地色明艳，花彩繁丽，满密而不杂乱。佛手、桃、石榴寓意多福、多寿、多子，荷花也是和合多子、清雅出尘的象征。

红色地龟背如意纹织金锦

幅宽76厘米

清同治　清宫旧藏

此锦为明清宋式锦的一种经典纹样。纹样以龟背六角形向六方铺展，再以如意云头勾连各个六角形。间饰六出形花纹，龟背六角形色彩各异。此锦色彩全为清末进口洋彩，纹样虽传统，但色彩已不端正，呈现世纪末的流行风貌。

红色百子图妆花缎被面料

被面料幅宽77厘米，长256厘米

清同治　清宫旧藏

被面料大红色缎地，以挖梭妆花手法织百子图。图案每组五童子，幅宽内二则图案循环，逐花异色，变换孩童衣色以及花草色彩。如成做被面的话，必然拼幅两至三匹。此妆花缎料花样精致，织造工整。配色典正之中又有民间风格的影响，蓝、青、元（黑）、黄、香、红、粉、绿、白诸色繁多而不乱，反以勾边、二晕、对比等手法生动演绎童子活泼的情态、衣着及花草等，其热烈喜庆的气氛十分动人。此被面料是清代中晚期妆花缎工艺风格之典型。

藕荷色团花纹妆花缎

幅宽81厘米

清光绪　清宫旧藏

缎青莲紫色地，清末，此种深青红色也称藕荷色，流行一时。此妆花缎为衣面料，纹样仍是传统袍面料多用的团花形式，但花的品种、艺术风格和配色都已游离传统，为时髦新样。机头款织“夏庆记源号本机真赤金银镜面缎”，标榜其品质高级。

清末的藕荷色为西洋进口染料染制，已与清中期淡雅温和的紫色大不相同。此妆花缎图样结构为传统的团花，妆花工艺也还是南京云锦逐花异色的套路，而其纹样与用色都显示出西洋流行风格的影响，反映出清末东方传统丝绸业也在经受西方工业和生活方式、审美趣味的强烈影响。

粉色 玉堂富贵纹 妆花缎

幅宽78厘米

清同治 清宫旧藏

此缎在粉红色地上用挖梭妆花工艺织出团纹，花纹为牡丹、玉兰、桃花与湖石的组合，表现春花绽放的生机。其花纹用彩唯恐不繁，每团约用七八种彩纬，在花、叶、枝、石上变换色彩，且大都为清末新流行的进口洋彩。机头织款“苏省吴顺昶号别选本机真金华绒赛绣库缎”，字字标榜其品质优异，有比刺绣花卉更美的风格。由此可见晚清的时尚新潮涌动。

蓝色串枝大洋花纹妆花缎

幅宽 59.5 厘米

清乾隆　清宫旧藏

蓝色经纬织八枚三飞缎纹地，以圆金、红、绿、黄、粉、月白、灰色等彩纬挖梭彩织大洋花纹。花纹整体采用“S”形枝条不对称结构串联花叶纹。从纹样设计结构和奇异的花型来看，大致属于欧洲 18 世纪中叶以后的风格，故此锦应是粤海关采进洋锦中乾隆帝比较欣赏的品种，而后多次让江南织造仿织。

此妆花缎织造水平较高，色彩选配不同于传统锦缎，应是内府奉旨仿西洋锦缎织办的匹料，纹样工艺保持西洋风格，配色也颇显异域旖旎风情。

玫瑰红色花叶纹织金缎

幅宽47.5厘米

清光绪　清宫旧藏

此缎玫瑰红色，除经纬变化组织以显枝叶暗纹外，主体纹饰以大量平金线通梭工艺彰显花叶姿态。此织金缎非传统纹样，应为清末进口洋货，或为洋商在华设厂生产的洋织金缎。

据清人笔记，玫瑰红色自清中期开始流行，大概也是受繁盛的对外交流和南北贸易的影响。

品蓝色斗鸡纹广缎

幅宽73.5厘米

清光绪　清宫旧藏

此件织物地为品蓝色八枚经面缎纹，以白、雪青、绛、玫瑰紫、果绿、金黄等彩色绒丝为纹纬通梭织成。织物的主体纹样为两只相斗的公鸡，辅以菱形花卉纹。纹样呈纬向连续交错排列。

广缎产于我国广东省，与著名的粤绣工艺作品一样，具有浓郁的岭南风格。广缎的表现手法独特，装饰效果极强，纹样的轮廓、线条工整清晰，配色鲜艳且繁而不乱。图案花形一般较为小巧、零碎，但花纹的轮廓、线条自然工整。配色上通常采用反差强烈的对比色，造成光彩夺目而热烈的视觉效果。

天华锦与妆花云锦

在古代，先染丝色而后织锦或刺绣，是高贵服饰的制作工艺。锦——彩帛如金，是上古最贵重的织物。古锦在唐宋时融汇中外，达到了很高的艺术成就。明清继承宋式锦的辉煌，发展出各自的时代特色。清代的天华锦铺排繁丽、四平八稳，多用于装裱书画、经册，或用于铺垫帷幔。

妆花织物在近古发展起来。挖梭工艺不像锦那样以彩色经纬通织，而是可以局部换彩，逐花异色，如大上片片云霞，被赞美为云锦。各样妆花绸、缎、纱、罗五彩缤纷，再加以织金工艺，更显雍容华贵。妆花彩织在近代中西均繁盛发展，相互影响，将世界织入了多姿多彩的世纪。

乾隆御题赏心余事董邦达绘中秋帖子词卷

包首纵29厘米，横23.5厘米

清 乾隆 清宫旧藏

这是乾隆皇帝珍藏的君臣唱和《中秋帖子词》一套十卷中的第一卷。《中秋帖子词》手卷外粉红色缂丝包首，缂绘结合表现松、竹、梅、月季、春草等纹样，造办处档案中称“粉红地松竹梅包首”。开卷引首御题“赏心余事”四字。其后在描绘宋花边的金粟笺藏经纸上御笔“丙寅中秋帖子词”并序。附图由翰林院侍读学士董邦达绘设色西苑太液秋风亭中秋景。后幅为梁诗正、汪由敦、蒋溥、钱陈群、介福、嵇璜、董邦达、德保等臣工酬和的诗章。此卷御题“中秋帖字词”与三希堂《中秋帖》中御题诗词为同一首，手卷外装池的粉红色地松竹梅缂丝包首也传达出节庆的快乐与闲雅。

释文：

拟中秋帖子词并令内廷翰林等和之有序

金祇行政，素昊司时。蝉噪风秋，台上律披阊阖。鹊飞月曙，楼前镜对婵娟。于时有象西成，仓箱叶万千之庆。无边佳景，团圞正三五之宵。露满芝盘，鳷鹊高而玉绳低影。气澄兰戺，鸳鸯敞而丹桂飘香。不须弦管吹开，所喜篇章递进。宜春彩帖，体反苏家。偰直金銮，词怀韩氏。爰成四什，各赋七言。

风月今宵非等闲，等闲风月总须删。南极六星临北阙，西华一镜挂东山。

底缘觉得好风光，桂影婆娑华黍香。试想昨年蟾窟景，一秋毫分不曾匡。

阊阖节物验嘉师，圆饼雕瓜入好诗。太液秋风潋金縠，不须重拓影娥池。

璇霄珠露五云楼，可识春光也让秋。试创玉堂新事例，擘笺催进月词头。

乾隆丙寅重华宫御笔

賞心餘事

御筆擬中秋帖子詞

御筆擬中秋帖子詞

这是乾隆皇帝珍藏的君臣唱和《中秋帖子词》一套十卷中的第二卷。手卷外缂丝月白色地杏林春燕图包首，缂绘春日里，双燕翻舞于一树杏花间。开卷引首御题“紫塞清光”四字，其后在描绘宋花边的金粟笺藏经纸上御笔题诗并序。附图由吏部侍郎蒋溥设色绘巴彦河洛围场秋景。后幅为梁诗正、蒋溥酬和的诗章。

乾隆十二年（1747，丁卯）十一月，内府奉旨发苏州为此卷缂做包首。

乾隆御题紫塞清光 蒋溥绘 中秋帖子词卷

包首纵 29.8 厘米，横 24 厘米

清乾隆　清宫旧藏

释文：

丁卯塞外叠旧岁中秋帖子韵，并令梁诗正、蒋溥和之（有序）

羲和转岁，仍当少昊萧辰。塞碛宜秋，恰值望蟾佳节。眄侧峰与横岭，都归朗照之中。更荔露而萝烟，总助广寒之景。单椒止顿，万幕云披。兰殿称觞，千秋山对。欢同中外，翠瓜并花饼以分颁。泽逮舆儓，原鹿与泽麋而遍及。又何必中庭地白，叹秋思之谁家。塞外草衰，感边声之四起者哉。因思鸾笺彩帖，创自去年。便教步韵连吟，用酬今夕。纵非彤墀琐闼，陪属车者越有邹枚。何妨摛藻拈毫，居右座者莫期司马。爰成首倡，各进载赓。

风清月白好秋闲，应节吟诗不可删。底事今宵轮见早，此山高外更无山。

嫦娥还守一轮光，仿佛风吹桂子香。今夕三条银烛下，万人昂首眄云匡。

帖子宜春例可师，堆盘瓜饼入新诗。偶拈旧韵毡帷里，不异秋风太液池。

籁是仙韶松是楼，广寒法曲燕中秋。便教即景龙堆畔，也胜征词玉殿头。

巴颜河洛行幄御笔

紫塞清光

御製中秋帖子詞一函

乾隆御题玉宇赏心

钱维城绘

中秋帖子词卷

包首纵 29.5 厘米，横 23.5 厘米

清乾隆　清宫旧藏

此为十卷《中秋帖子词》的第六卷。卷外包首为缂丝黄色地蓝色拐子龙缠枝西番莲纹，造办处档案中称为“黄地夔龙番花包首”。夔龙因多随器物造型呈规矩方正状，又被称为拐子龙。此缂丝夔龙为蓝色，其实是蓝、月白、白、红、酱色多彩纹饰。缠枝卷草与西番莲花纹等又含西洋纹饰风格的影响。开卷引首御题“玉宇赏心”四字。其后在描绘宋花边的金粟笺藏经纸上御笔“中秋帖子词六叠旧作原韵”并序。附图由内阁学士钱维城设色绘太液池亭中秋景。后幅为蒋溥、汪由敦、嵇璜、介福、观保、德保、钱维城、于敏中、钱汝诚等九人酬和的诗章。

乾隆十八年（1753, 癸酉年）八月万寿节, 弘历在紫禁城受贺, 随后奉太后往圆明园，在园内过中秋节后，次日奉皇后启銮秋狝木兰。

释文：

中秋帖子词六叠旧作原韵（有序）

琼楼玉宇，天上良宵。碧汉银蟾，人间胜赏。频年塞上，对皓魄于幔城。昨岁山庄，挹清辉于芝径。月当中而正满，景随地以堪吟。惟时凤阙云开，迓蓬莱之紫气。昆池波滟，揽太液之秋风。况复彩焕蕊珠，奎部之六星并朗。香霏金粟，绣膝之万宝同登。瞬息流光，少延俄已六载。会心佳节，可孤负于今宵。诗续四章，韵经六叠。赓来翰苑，不夸水调之歌。传示艺林，欲陋霓裳之曲。

宫月虚教六载闲，今宵庆赏不宜删。扇鸾依旧开青琐，轮魏分明上假山。

夜夜东瞻壁宿光，瑶阶恰好发天香。今年秋榜应多吉，辉暎文昌六戴匡。

一亩堪称地水师，影娥那可不赓诗。玉蟾此夜真端正，秋色皇州太液池。

何须结彩学高楼，甲乙评量沈宋秋。独共词臣作清赏，六番赓唱数从头。

癸酉御笔

玉宇賞心

御製中秋帖子詞六疊韻

御製中秋帖子詞六疊韻

乾隆御题九秋佳夕钱维城绘中秋帖子词卷

包首纵29.3厘米，横24.5厘米

清 乾隆 清宫旧藏

此卷为《中秋帖子词》第九卷。卷外包首缂丝绿色连钱地如意番花纹，四边蓝色拐子纹。开卷引首御题“九秋佳夕”四字，后在描绘宋花边的金粟笺藏经纸上御笔“中秋帖子词九叠前韵”并序，附图由钱维城设色绘塞垣中秋景，后幅为蒋溥、刘统勋、刘纶、于敏中、钱汝诚等五人酬和的诗章。此卷缂丝包首与第八卷图案相似，为如意馆设计的图样，由苏州织造缂做。

乾隆二十四年（1759，己卯年）中秋，乾隆帝奉皇太后驻跸避暑山庄。当时，兆惠、富德等西军平定大小和卓木叛乱已至尾声，御制诗中也流露出喜气萦怀，豪情万里。

释文：

中秋帖子词九叠前韵（有序）

晶盘莹采，九十平分。金粟霏香，三千遍满。寄崇情于玉塞，延丽瞩乎云庄。原夫闰律暑迟，田畯伫登禾之喜。边垣秋晚，虞人需戒道之期。看来鹤鹿皆驯，祖泽常怀文囿。听去笙璈并韵，慈颜近侍瑶池。重堤曲水杯流，虚白毫光，和宝刹浮图互映。半壁高峰锤照，空青黛色，与降蕃列帐交萦。辽哉！万里同晴，关外欢声传羼笛。捷矣！百城俱下，湟中劲响应宣铙。想一军振槁先登，快甚吴刚斧琢。知二竖擒生立致，迅逾博望槎回。既开桂殿长筵，将启蘅皋清跸。纪旋镳之盛事，合胜停镳。赓秋帖之新裁，宜过春帖。曩者四篇制就，固已都捐霓羽，靡词兹焉。九叠吟成，庶几共叶茎韶，雅奏云尔。

胜地良辰可放闲，携来诗稿自刊删。开编恰是中秋帖，即事重吟玉塞山。

朗照宁分中外光，挥毫墨染桂花香。兴州景咏才四度（合京师、木兰诸处九叠前词于山庄已为四度帖子矣），西极功成逮一匡。

洸洸犹有逐回师，获丑伫成奏凯诗。虽共儒臣赏佳节，厪怀遥在察汗池（二酋逃往之地）。

欲招东魄上西楼，略觉山寒不碍秋。风月宜人赓九叠，光阴瞥眼忆从头。

乾隆己卯秋八月御笔

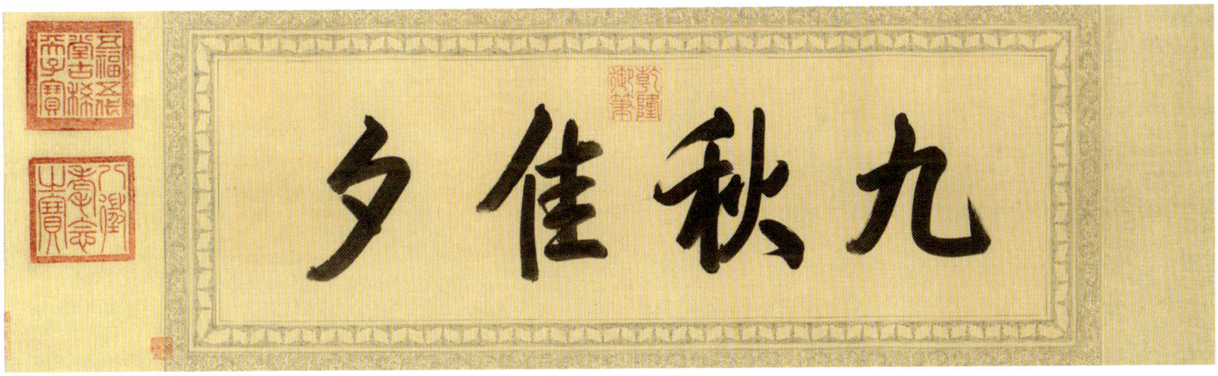
九秋佳夕

御製中秋帖子詞九疊韻

御製中秋帖子詞九疊韻

乾隆御题庆霄正满 金廷标绘 中秋帖子词卷

包首纵29厘米，横23.5厘米

清 乾隆 清宫旧藏

这是《中秋帖子词》的最后一卷，作于乾隆二十五年（1760，庚辰年）。外包首为缂丝加绘酱色地四出如意头系璧纹。引首御笔“庆霄正满”四大字，词后附金廷标绘设色西苑中秋景。后幅为蒋溥、刘统勋、梁诗正、董邦达、于敏中、钱维城、窦光鼐等臣工酬和的诗章，由钱汝诚书写。手卷外包裹双龙捧圣蓝色锦袱。

这一年乾隆帝年届五旬。正月，西域大小和卓木叛乱平定，将军兆惠“定功西域早班师”。而明年皇太后将临七旬，所以弘历希望“万斯年常承慈豫”。最后，弘历回顾了自丙寅至庚辰十四年间十次叠韵唱和的中秋帖子词，自比苏东坡八月十五钱塘江望海楼观潮的雅兴。

释文：

中秋帖子词十叠前韵（有序）

上章纪岁，适逢有象秋成。西颢辨方，最喜平分月夕。于时武功保定，协气蒸为太和。绝域享王，天衢会其有极。庆辰初过，佳节载临。稠叠称觞，万斯年常承慈豫。更番裁什，十赓韵正勃吟情。秉烛治军书，犹忆去年之景。拈毫敲绮句，可孤此日之闲。然而侈颂升平，非予所喜。由来不忘规谏，惟尔其葠。内翰诸臣，同依前例。

创成帖子值几闲，九度吟情瞥眼删。今夕又逢清籞里，可孤宝月上屏山。

槐市榆街历落光，皇州景物倍生香。桂华忙采蜂翻翅，黍熟新肥蟹张（去声）匡。

定功西域早班师，去岁真成吉兆诗。（己卯中秋帖子作于避暑山庄，有获丑伫成奏凯诗之句。尔时二酋虽已潜逃回部，未全底定，今除凶绥众，紫禁称觞，重忆前篇，实符祥兆。）更值秋收多报稔，得教对月咏琳池。

搞毫十度十登楼，霎阅人间二七秋（自丙寅至今庚辰，凡十四年矣）。何似东坡飞逸兴，钱塘江上望潮头。

庚辰仲秋御笔

慶霄正滿

御製中秋帖子詞十疊韻

御製中秋帖子詞十疊韻

中秋帖与佳节君臣和韵

紫禁城内廷有个养心殿，养心殿内有个三希堂。这里三件宝藏法帖中有件《中秋帖》，乾隆帝在开卷引首部位御题"至宝"两个大字，宝帖后又御笔"拟中秋帖子词"，以纪丙寅年（乾隆十一年，1746）中秋。佳节良辰，喜惬心赏，君臣唱和，万几之余，雅兴难得。经研究，所谓王献之《中秋帖》实为宋人临写王献之草书信件的节临本，故字句无法读通，唯"一笔草"法，气脉贯通，神采奕奕。中秋佳节，又与乾隆帝万寿节欢庆相接，这大概也是乾隆帝宝爱此帖，屡年叠旧韵，高兴地与臣工酬唱的原因吧。

中秋节，与乾隆帝万寿节只隔两天，又值秋高气爽，因此成为皇帝弘历最高兴的时段。而后十余年里的万寿、中秋时节，乾隆帝多在避暑山庄或木兰围场，也命随行臣工唱和，并绘画中秋景色，以成佳节雅兴。

康熙御笔心经

函套 29.7 厘米 × 15.3 厘米

清康熙　清宫旧藏

清代皇帝信佛，闲暇时或节庆日，往往会沐浴静心，抄写佛经。此经折封面装裱精彩的织金锦。织金技法在明代已很发达，到清康熙时期继续保持着较高的工艺品位。锦上用金似乎是这种珍贵的多彩织物应有的荣光。锦上的金线光彩与花样色彩不分轩轾，互相衬托，吸引观者视线在丝与金两种质感间徜徉。康熙朝一部分手抄经册的锦面就是用白丝在龟背纹的交织点织出了闪闪星光，而且把光线散射的效果表现了出来，算是锦上再增光添彩了。

般若波羅蜜多心經

般若波羅蜜多心經
御筆心經
般若波羅蜜多心經
觀自在菩薩行深般
若波羅蜜多時照見
五蘊皆空度一切苦
厄舍利子色不異空
空不異色色即是空
空即是色受想行識
亦復如是舍利子是
諸法空相不生不滅
不垢不淨不增不減

乾隆御笔心经

函套 30 厘米 × 13 厘米

清乾隆　清宫旧藏

此为乾隆皇帝弘历御笔写经，书写于丙辰年（乾隆元年，1736）元旦。这时，青年弘历刚刚继位不久，正是龙飞九五，踌躇满志之际。御笔经折及函套外装裱黄色地团龙万寿龟背纹织金锦。地经明黄色，纬向满地铺织片金线，又以蓝、白、葡灰、绿、黑、大红等色绒线为纹纬，彩织蓝、白两色相间的龟背纹，内添织五彩团龙纹，间饰“万”“寿”字及灵芝纹。龟背纹寓意长寿坚固，灵芝为仙草，加上万寿字样，寓意“万寿无疆”“江山永固”。乾隆朝装裱此龟背纹锦的经册颇多，有时此锦所用片金与彩纬并不宽，彩并不重，却在光线不太充足的佛堂密室中呈现静谧与虔诚的情态。

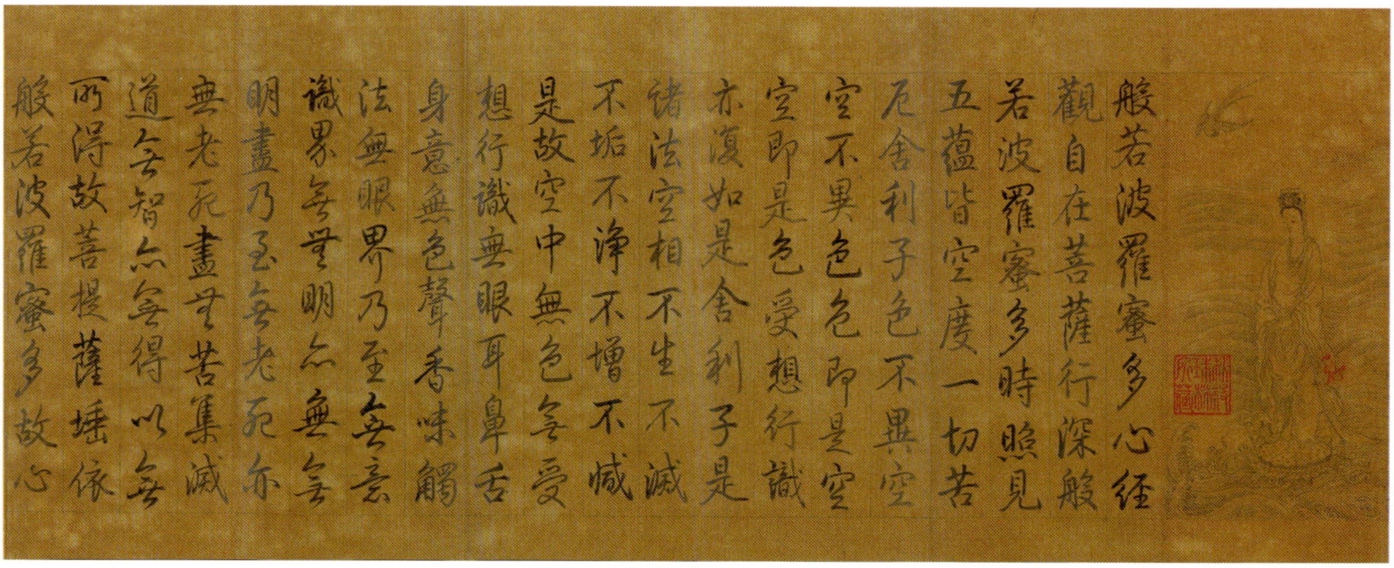

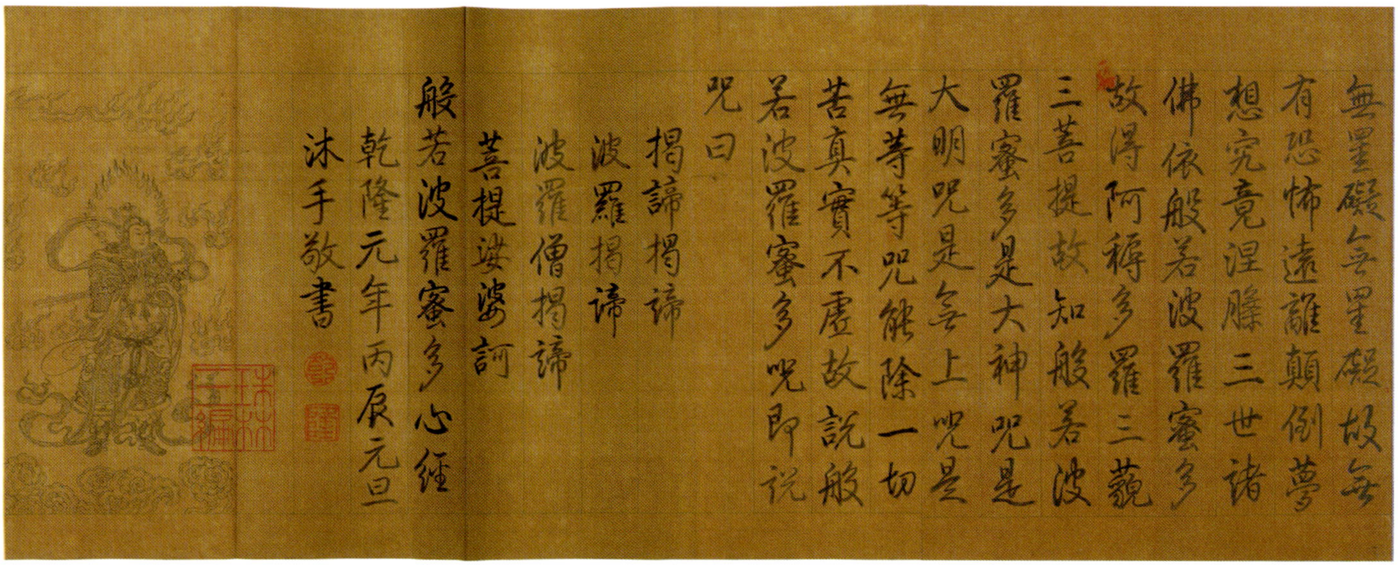

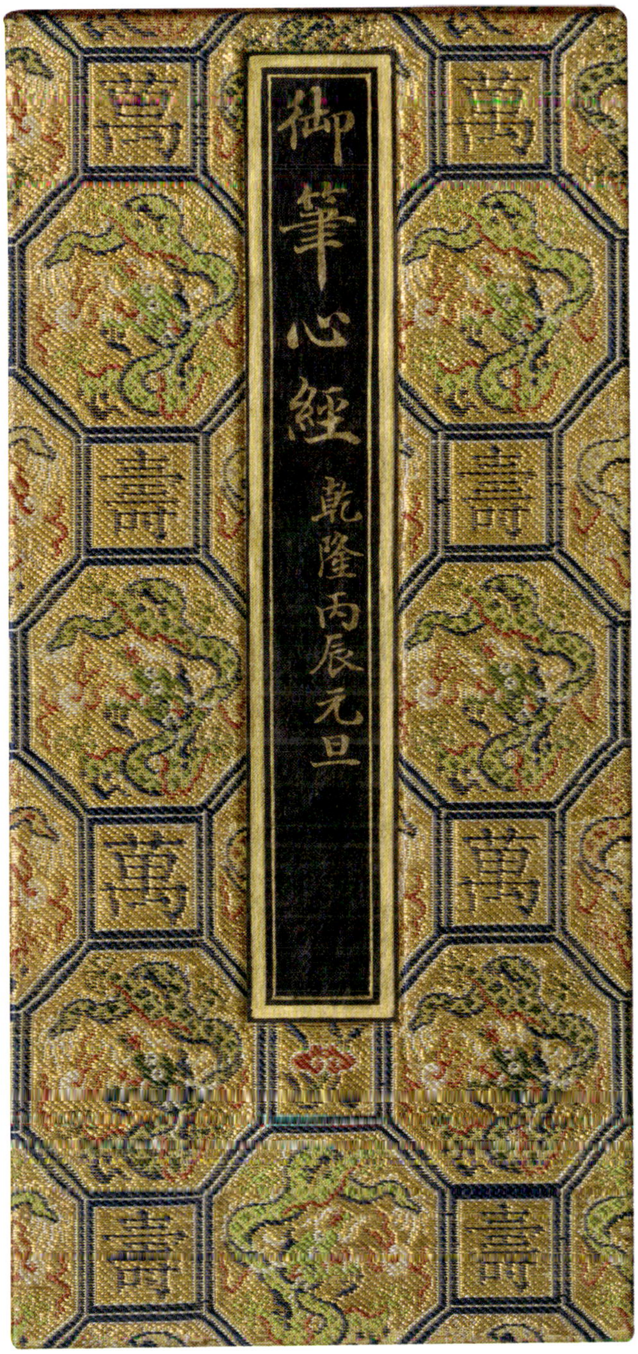
御筆心經
乾隆丙辰元旦

嘉庆御笔心经

函套29厘米×13.8厘米

清嘉庆　清宫旧藏

此为嘉庆皇帝颙琰御笔心经，书写于庚申年（嘉庆五年，1800）元旦。经折与函套外装裱蓝色地福寿三多龟背纹锦。此锦为清中期宫廷御用织造局生产的宋式锦精品，其以蓝色丝线做经纬，织龟背纹网架。龟背纹架构内有连钱纹、锁子纹、万字纹、方胜纹等，丰富多彩。交织点以方形、圆形花纹单位交错，或如意头瓣、或莲花瓣，组成满地锦群纹样。在锦群地上又以蓝、绿、黄、红、香灰色、圆金线为纹，纬织每行四则缠枝花果纹，逐行分别为：梅花与桃实、莲花与莲蓬、榴花与石榴、菊花与佛手。其中果实成双，与花蕊部分皆为局部挖梭盘织圆金线。

此锦在龟背纹地上织富丽堂皇的四时花果纹，是清宫锦上添花的锦料经典。地纹与花叶繁密而不乱，用色纯正，配色有序，主从分明，映衬有致，富有高度的装饰趣味。此锦多见于乾隆朝的皇家书画、经册装裱，反映出盛世帝王志得意满的风貌。

道光御笔心经

函套 22.9厘米×10.3厘米

清道光　清宫旧藏

此为道光皇帝旻宁御笔心经，书写于庚寅年（道光十年，1831）的正月初一。经折外装裱黄色地银锭万字纹匣锦。锦以黄色为地，以青色为纹样骨架，镶饰为白色和绿色，以大红色在圆光和菱形内织夔凤纹与万字，在分隔出的银锭形内织青色夔龙纹。此锦在清代中后期宫廷中使用颇多，但面貌变化也较大，概因传统染色与配色审美的式微、花本转替与织造工艺的变异导致，细节纹样走形，配色失却传统神采与韵味。

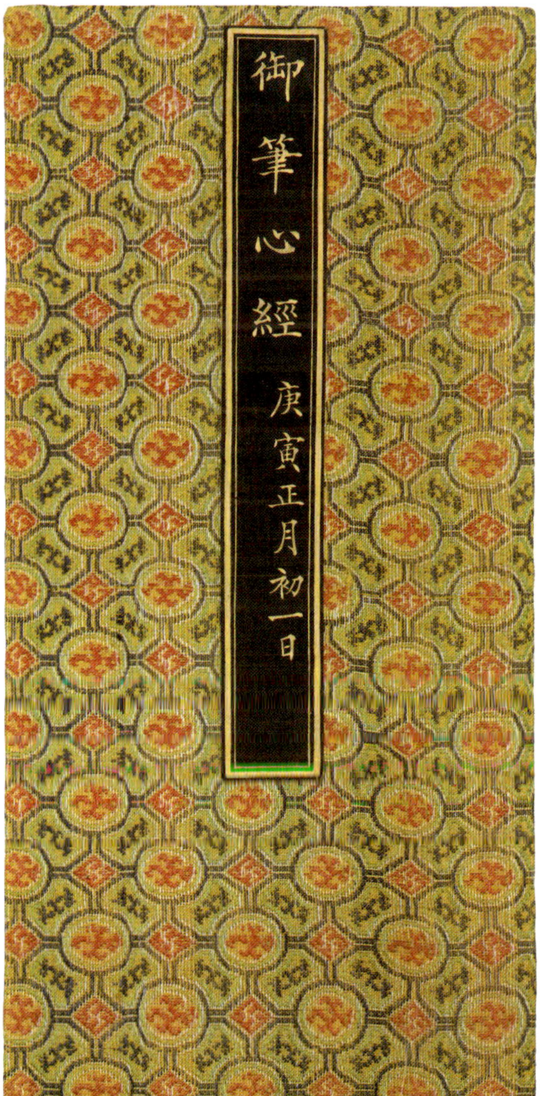

清帝写经

清代皇帝信仰佛教。其朝冠前有金佛，其礼服、吉服外要佩戴朝珠，便服外襟也常挂数珠手串为饰。而年节机暇，正是他们游于诗文经论之时。清帝抄写最多的是《般若波罗蜜多心经》，每月朔望二日和四月初八浴佛日，以及皇帝生日万寿节，皇帝常常要熏香沐手，敬写佛经。

御笔写经的装潢讲究庄严胜妙，纸墨上乘，经文前后常绘制精美的佛像，经折外及函套常装裱金锦。因历朝帝王写经较为规律，所以不同时期，经折上装裱的各式宫锦遂成织锦历史的一系标本，足供赏鉴。

女帔对襟，阔袖，缀白绫直领，裾左右开，衣长及膝，衬湖绿色云纹绫里，胸前钉系带两条。帔前后衣身的纹样一致，以八团大折枝牡丹、梅花等花卉为骨架，前胸后背的折枝牡丹更有湖石相衬，小折枝石榴、香橼、桃花、菊花、石竹花、秋海棠花等各种花卉以及各色大小蝴蝶散布其间。整体采用非对称的均衡式布局，生动写实，生机盎然。

此帔衣料为康熙年间苏州织造局之贡品，纹样丰富多姿，布局舒朗生动，设色艳丽而和谐，极具匠心，堪称妆花织物之珍品。深色女帔为戏中老旦穿用，如《宇宙锋》之赵艳容、《贺后骂殿》之贺后等。

青色折枝花蝶纹妆花缎女帔

身长114厘米，两袖通长226.3厘米

清康熙　清宫旧藏

月白色纱绣花卉蝶纹宫衣

身长134.2厘米，两袖通长224厘米

清乾隆　清宫旧藏

宫衣圆领，饰云肩，腰身略窄，阔袖。上衣下裳相连，衣长及足。装饰造型复杂：袖口为五色镶沿，腰缀有如意形革带，下裳分表、里两层——表层为两层重叠的多色飘带，正中饰以蔽膝，里层为衬裙。整件宫衣色彩绚丽，冷暖色对比强烈。纹样以花、蝶为主，疏密有致。宫衣是舞台上皇妃、公主角色的常礼服，后被泛用于某些郡主、仙姑及贵门小姐，以彰显高贵身份，如《断密涧》之河阳公主，《彩楼配》之王宝钏，《敛福锡民》之雪、霜、云、露四仙女。

红色天华锦开氅

身长119.5厘米，两袖通长219.7厘米

清　清宫旧藏

开氅是戏曲中高级武将、权臣在非礼仪场合所穿的便服。此开氅通身以大红为地，上设大领，并镶白绫托领，十分醒目。斜襟右衽，宽袍阔袖。身后设二摆，镶蓝边，可衬托人物的雍容气质。腋下钉系带两条，方便固定。

此开氅用天华锦制成，天华锦是较名贵的丝织品。此锦纹样以六边形龟背纹、六个如意云头纹组成的几何体为骨架，内填其他吉祥纹样，并有规律地交错排列，形成繁复错综的效果。关于此开氅的时代，有学者认为应为明末。不过从总体风格看，它与故宫藏其他清代开氅形制一致，或为清初戏衣。

开氅类戏衣色彩丰富，故宫藏有红色、黄色、绿色、白色、青色、紫色、蓝色、月白色、沉香色、葡紫色等各类颜色的开氅174件。不过，从目前的研究来看，开氅的颜色与剧中角色、等级并无太明确的关联，颜色的选用大多为丰富舞台效果而服务。

桃红缎绣团荷花鸟纹八仙衣

身长131.5厘米，两袖通长207厘米

清

清宫旧藏

大领，斜襟，阔袖，上衣下裳相连，衣长及足，缀水袖。上衣桃红色地，绣六团荷花鹭鸶纹，周围以金线作方格状排列，内填兰花及十字花，领、袖边以玫瑰紫缎缘饰。腰际饰革带，左右各缀倴子，上绣荷花、花篮纹。下裳月白色衬裙，缀双层如意状腰饰及各色飘带，前后正中饰蔽膝，蔽膝下缀五彩网穗。此衣为八仙中的何仙姑穿用，色彩斑斓，装饰繁复。何仙姑为八仙中唯一的女仙，其衣形制似宫衣，因以荷花为法宝，故何仙姑衣以荷花纹样为主要标志。

清代宫廷舞台上，八仙庆寿的故事是节庆时节不可缺少的精彩节目。乾隆时造办处档案记载，皇帝曾多次传谕，命江南三织造织办各色八仙衣。对于八位仙人角色所穿的衣色，皇上很是动了一番脑筋调整过。何仙姑作为八仙中的女性角色，所穿宫衣色彩必然靓丽悦目，堪比夏日田田莲叶中明灿的荷花。

白色彩云金龙纹妆花缎箭衣

身长134厘米，两袖通长190.6厘米

清　清宫旧藏

圆领，斜襟，马蹄袖，四开裾，衣长及足。通身织金龙十条，龙间散布流云，下摆为海水江崖纹。领口内里襟有长方朱印“大戏记用”、长圆墨印“如意”。此衣面料选用白色妆花缎，应为江宁织造局织办。清宫昆腔杂戏《三气周瑜》中周瑜的行头就曾有白色金龙箭衣。京剧《群英会》中的周瑜、《八大锤》中的陆文龙也都曾身穿白色金龙箭衣。

清宫演剧

清宫戏曲演出空前繁荣，不仅帝后喜好并精通戏曲，而且历史上首次将演戏列入朝廷仪典之中。戏曲机构内外学分归南府、景山。宫内演戏在乾隆，光绪两朝最为繁盛。

清宫的戏曲舞美随之登峰造极，其中尤以戏衣为最。戏衣制作是为应对清宫演戏之需，随演戏发展而发展，尤其帝后万寿节庆典往往会大量定制行头切末，以成做于乾隆和光绪时期的为最。嘉庆年间，南府《穿戴题纲》详细记载了各个角色在各个场面的扮相穿戴。故宫所藏戏衣，锦绣织金之外，还有缂丝等珍贵工艺，同样反映了当时的织造成就。为了舞台效果，戏衣色彩更艳丽，诸般工艺应用更综合。帝王将相、男女老幼、净末旦丑、古今中外，戏衣由用品升华为艺术，缤纷多彩，洋洋大观。

结 语

在印染科技高度发达的今天，每日衣色变换已是司空见惯，但我们依然会惊艳于祖先的色彩，那是天人相感应的智慧，那是彬彬而有礼的美丽。

走入历史的清代衣色早已归为中华古典的一部分，它丰富生动，且时代晚近，因而成为对我们影响最直接的文化遗产之一。清代宫廷织绣服饰色彩满载中国传统文化的历史遗产，又带有近古多民族文化融合的风格特色，更体现了近代贸易与工业加速发展下的染织变革，承前启后，对当下极富启示意义。

衣裳有色，章纹有彩。在时光悠长的磨洗中，丝织品作为蛋白纤维文物，以及织物的天然染色所承载的重要文化信息，都是极易褪损的。只有来自宫廷的这类大宗收藏或能跨越久远的岁月。故宫博物院珍藏的染织遗产极为珍贵，不仅让我们亲眼看到了几百年前真实的衣色，惊艳于中华文化的绚丽多彩，走进华夏历史的传统色彩也将在新的文化土壤中再度复兴。

相关研究

清代制度袍服的结构与纹样布局

故宫博物院 宫廷历史部 王鹤北

一、清代朝袍纹样与布局

早期满洲贵族与官员在正式场合穿着的服装可大致分为两类：一种是朝会、宴会、庆典所使用的上下分裁的断腰式袍，称为礼服或朝服（图1）。尽管清初统治者将明代官服身长及地的样式，视为极为不实用的奢靡之举，但他们却钟爱明代皇帝用于赏赐宠信近臣的一种非正式服装——蟒服。蟒服是一种上下分裁，腰部带有褶皱的长袍，长度及踝。蟒服最突出的特征，是覆盖上身前后以及两肩的四瓣柿蒂形窠纹饰，并在自肩部至两袖口，以及下摆膝盖高度上，分别带有被称为袖襕和膝襕的横向条带装饰区域，故此袍又被称为“通袖膝襕袍”。正是由于在其上身柿蒂形区域、袖襕及膝襕内皆装饰华丽龙形蟒纹，故称之为蟒服。相较于同时期其他高级丝绸品类，蟒服袍料使用极为复杂的妆花工艺，色彩绚丽、纹样繁复，故价值高昂。明代后期逐渐成为蒙古、女真等部落首领以及有军功将领的身份标志。

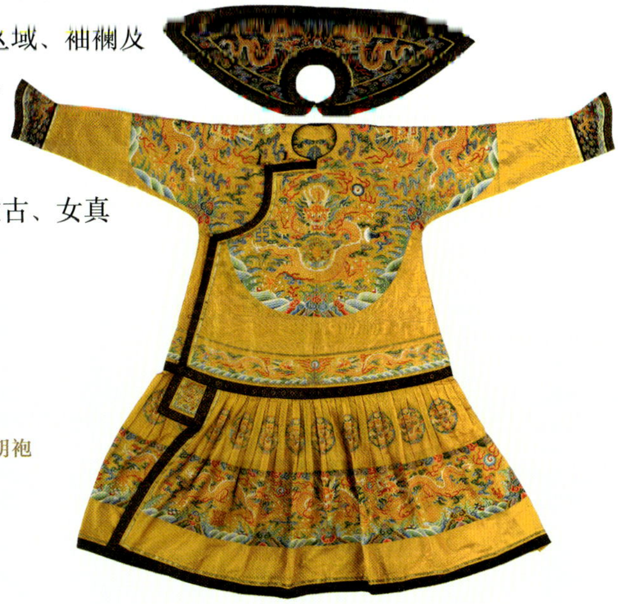

图1　明黄色纳纱彩云龙纹男单朝袍

故41959

图2　花接袖（故41737局部）

除装饰效果外，蟒服获得满族征服者特别青睐的另一原因，是它沿袭了自蒙元以来、历经明朝却未曾大变的断腰袍式结构，紧上身、小袖口，收腰打褶，非常利于活动，故被大量使用在燕居娱乐，如骑射、竞技等场景中。满族征服者早在入关以前，就已经开始使用由明朝廷赏赐或通过其他途径获得的蟒服袍料，将其改造为蒙古－女真族样式。其改造之产物，后成为清军入关后新统治精英们所使用的朝袍。清代制度服装中，以早期朝袍装饰最为繁缛华丽，其目的是在重大集会与祭祀场合中给臣民部下等一切旁观者留下深刻的视觉印象，从而宣示使用者尊贵的身份地位，其中明朝蟒服袍料的高超意匠产生的装饰效果功不可没。与明代蟒袍相似的是，朝袍的上身剪裁合体，但在肩部饰有披领，并在袖口使用了半圆形可以回折的马蹄状袖端；自腰部以下，朝袍使用带有褶皱、长度及足的裙摆，下摆通常没有开裾。

明朝时期，蒙古及女真人对明蟒服的改造，主要体现在两袖肘部以下区域和大襟的形状。明代蟒服自肩部至袖口，呈现逐渐肥大的趋势，在袖口下方形成一个带弧的三角形垂袖区域，形如刀刃，并带有龙纹等装饰图案。这种结构尽管美观，但对在马背上征伐驰骋的草原部落的使用者们来说，近乎累赘，且极易磨损。蒙古及女真人将明代蟒服自肘部至袖口的区域整个裁剪掉，替换成便于他们使用的马蹄袖结构。在现今所见的清代朝袍和吉服袍上，马蹄袖基本不使用织彩或带有纹饰的袍料制作（雍正朝创制的四色祭服除外，因其循制“袖从衣色”），而是用纯素或素色织暗花材料另制，且凡是另制的马蹄袖皆为石青色。至于常服和行服等使用较为朴素的衣料制作的袍服，

图3 石青色彩云过肩金龙纹妆花纱男夹朝袍局部 故41727

图4 石青色云龙纹妆花缎朝袍料（分段2）
故25433

马蹄袖则与袍身使用同样的面料制作。这种制作特点，就是源自早期使用和改造明蟒袍材料时，智慧且崇尚惜物节俭的部落先民，为了避免制作马蹄袖端时，因剪裁而破坏原本位于蟒袍垂袖上的纹样，故将其整体裁剪下来，另做他用。

此外，在清代的朝服和吉服的肘部，还存在一种被称为“花接袖”或“中接袖”的结构，用来将女性朝袍和吉服袍同男性的相区别（图 2）。这个结构，皆使用石青色底加横向纹样进行装饰。其纹样主题除最常见的行龙纹外，有时也会呼应袍身上的其他主体纹样，如仙鹤、团寿、各色花卉等。

基于上文所述之演变经过，绝大多数清代朝袍的纹样布局直接承袭自明代的蟒袍，其主要装饰区域为柿蒂形窠、腰襕以及膝襕。明代蟒袍纹样布局的常见做法有两种：一是在柿蒂形窠内装饰两条大型过肩龙，龙首各居于前胸与后背正中（图 3）；二是在前后以及两肩装饰四条正龙纹（图 4）。两种方案中，柿蒂形窠的边缘皆用海水江崖来勾勒轮廓。柿蒂过肩龙纹在一些清代早期的低等级朝袍和朝服像中可以见到，但很快就被摒弃，亦有少数实物传世；四龙柿蒂纹则在清代朝袍上一直存续使用，直至清末。朝袍的腰襕与膝襕内装饰有坐、行龙纹与海水江崖。康熙时期，腰襕的上下曾一度各添加一组横向排列的小团龙纹样（图 5）。至乾隆时，仅余腰襕之下的一排九个团龙；自乾隆后，各朝皆

图6　明黄色纳纱彩云黄龙纹男单朝袍　故41958

图5　清人画玄烨朝服像轴　故6396

遵循此布局样式，不再变化（图 6）。在一些早期袍服上，除上述主要装饰区域外，袍身的其余部分还会使用本色丝线提织暗花，或加金线织出规则连续的循环纹样（图 7）。

在个别清早期朝袍实物与图像上，还能见到大团窠龙纹的使用。其布局亦分为两种：一种是上身前后及两肩分布四团，前后下摆各分布两团的八团龙纹布局（图 8）；另一种是仅在上身使用四团龙纹的布局方式，下摆无团（图 9）。这种布局同时出现在顺治至康熙时期的朝袍与吉服袍上，但在朝袍上仅昙花一现，没有被更晚时期的朝袍采用，而八团吉服袍自此以后却大行其道。团窠中的龙纹，通常为上身正龙、下身行龙。清初，对不同形态龙纹与使用者身份等级之规定并未严格执行，图像

图7　石青色团龙纹织金缎男夹朝袍　故41733

图9　明黄色四团云龙纹织金纱男夹朝袍　故41736

图8　清人画福临朝服像轴　故6384

图10　明黄色缎色彩云金龙纹妆花缎男夹朝袍局部　故41725

图11　绛色云龙纹妆花缎朝袍料（分段3）　故25435

与实物所反映的实际应用情况十分复杂，普遍存在违规现象：一方面，仍有僭越使用超越其等级规制的五爪龙、正面龙的情况，另一方面，亦存在上用朝袍在前胸和背部使用侧面龙的情况，早期文献也曾提及清初上用袍服使用三爪龙纹的情况。

清代早期的龙纹较晚期体型更大，气势亦更加威猛雄健。与清代中期和晚期龙纹的一个显著区别在于其明显具有更长的吻，且末端的鼻孔更为突出（图10）。这一特征由于常见于明代瓷器、漆器等器物上装饰的龙纹，所以显然是对明朝风格的延续。此外，不同之处还有尖锐、如火焰蹿动般向外延展的尾部。雍正与乾隆早期的龙纹体型仍旧较大，特别是居于上身部位的龙纹，但表现出相对顺服的外观——头部明显变短（图11）。到乾隆中期，吉服袍上的龙纹体型普遍变小，且自此以后，再未见清早期龙纹的尺寸和生猛灵动的气势（图12）。

另有极少数早期朝袍，仅使用素织暗花或二色提花织物制作。它们有的甚至没有使用织金材料进行边缘装饰，唯一使用彩织工艺面料的部位，仅披领而已。这些朝袍多为康熙皇帝的服饰。究其原因，或许是康熙皇帝在漫长的执政岁月中，曾经历了大量巡幸活动，使御用服饰有了更多元化的使用场景和更丰富的使用需求，进而使康熙皇帝的朝袍尚未彻底拘于更晚时期清代诸帝朝袍那种因循旧制、逐渐僵化的风格，这有助于我们了解早期满族朝袍在彻底制度化前不尚浮华而富有生机的样貌。

图12　蓝色缂丝金龙纹男夹朝袍局部
故42489

二、清代常服与吉服袍纹样及布局

另一种在正式场合使用的袍服类型是常服袍，即一种上下通裁，大襟右衽的直身式袍（图 13）。常服袍实际得名于较晚时期，其剪裁与样式却为最典型的蒙古－女真族式长袍。它们最初由不同材质、颜色的面料制成，

图13　蓝色团龙纹暗花江绸男单常服袍　故58914

图14　石青色团龙纹暗花缎夹常服褂　故42485

如各种暗花缎、绸及毛青布等，颜色多为蓝、棕色，无领圈和异色袖端（即马蹄袖与袍身使用不同材料），不加任何缘饰。袍身上的图案，仅有在素色面料上织出的暗花纹样，以团龙、祥云与缠枝花卉最为常见。直身袍的剪裁形式与满族入关前农耕、游牧、渔猎和征战的生活相适应，领口与明代交领具有显著区别。除此之外，这种类型的袍服在袖子末端使用半月形的马蹄袖，这也是朝袍马蹄袖的起源。马蹄袖翻起时，与普通平袖口无异，一旦将其展开，可以覆盖手背，起到保护作用。男子袍服的下摆在前后正中开裾，便于骑马时上下马背；女子袍服则仅在下摆左右两侧开裾。直身袍服使用蒙古风格的织物或皮革制成腰带，将衣服在腰部贴身束紧。腰带上饰有带扣，使用不同种类的宝石装饰，用以标识使用者的身份等级。在一些特别场合，满洲贵族首领们会在袍服之外穿着半袖及腰，或者长袖及膝的外褂（图14）。褂子在夏季使用轻薄纱绸织物制作，冬季则使用丝绸做面、毛皮做里，或者絮棉后用毛皮在边缘出锋，作为装饰。

女真人在经济与军事得到发展后，由常服袍迅速衍生出一种新的袍服类型——吉服。与其他服饰类型相比，吉服袍使用的纹样主题、布局方式、材质工艺异常丰富，吉服的使用场景也更加灵活丰富。将早期吉服称为一

图15　明黄色缂丝云蝠寿金龙纹男单龙袍　故42112

种类型并不准确，对不同身份等级使用者吉服上的纹饰、色彩以及吉服冠顶的细致规定与严格执行，晚至雍正朝才开始，至乾隆中期基本完善。吉服袍相对朝袍的使用较为随意，但仍旧用于需要庄重着装的场合。吉服袍不仅可单独使用，还常被穿着于朝袍之下。

吉服袍的剪裁，与常服袍同为轮廓简洁的直身式风格，但是它们华丽的色彩与丰富的图案为常服难望项背。不同纹样主题的吉服被统称为“彩服”，即色彩斑斓之服，抑或花衣，即带有绚丽丰富装饰图案之衣，为节日庆典所使用的服装。清代皇帝、皇太后、皇后，以及其他后宫妃嫔的龙纹吉服袍，在清宫档案中，一概称为“龙袍”（图15）。

这种吉服袍的形制诞生于在素色暗花制成的常服袍上加异色（如石青色）领圈与马蹄袖端缘饰，袍身所使用的装饰纹样，开始为小型龙纹、云纹、花卉纹以及藤蔓纹样等，进而发展为采用妆花、刺绣以及缂丝等成本昂贵的丝绸工艺制作，装饰整个袍身。发展到康熙时期，大量耀眼夺目的金银线和不吝惜色彩的华丽表现，成为吉服袍突出的特征。

当清廷恢复对作为丝绸生产中心的江南地区的控制之后，朝袍上的纹样主题与布局方式迅速在吉服袍上焕发出新的灵感与创意。由于不再受到朝袍那种上下分裁造成的区域分割限制，龙纹、五彩祥云与海水江崖的布局结构更加灵活，且纹样主题也更加多元（图16、图17）。明代宫廷织物中大量使用的与时令节日相关的吉祥纹样，如七夕鹊桥、灯笼景、四季花卉、阳生（绵羊）、月宫玉兔等纹，基本不见于清代朝袍，却被清代吉服袍大量使用，极大丰富了满族样式袍服装饰纹样的语汇库。许多

图16　雪灰色缎绣四季花卉花篮纹夹袍
故42144

图17　绛色缎绣八团云蝠花卉纹棉吉服袍
故42596

纹样既可以单独使用，亦可以彼此组合或重复使用；而对纹样进行组合的做法每每催生了新的主题，并促进了流行，扩大了传播——例如在盘曲的龙纹之间填充大量云纹、蝙蝠、仙鹤，或者在牡丹纹的簇拥中施加龙纹团窠，在海水江崖中加入佛教八宝、狮子、花卉以及松柏仙鹤等。

按照吉服袍的纹样布局结构可分为不留地式与八团窠式。严格来说，不留地式是由位于八团窠位置而不带团窠边界的八个同样或相关的主要纹样，加上用于填充各主要纹样之间区域的次要纹样构成的布局方式（图 18）。当然，不留地式可容纳的纹样与图案题材更丰富，整体效果更加繁缛华丽。前文提及，八团式布局最初见于皇帝朝袍与龙袍，但很快被朝袍摒弃。到乾隆早期仍见于皇帝龙袍以及其他男性吉服袍。清代中期以后，八团吉服袍基本成为女性专属的类型，并衍生出下摆有海水和无海水两种亚型（图 19、图 20）。或许是女性八团吉服袍可以使用主题更为丰富的团窠纹样的原因，一时间大为流行。而在这个吉服袍装饰主题与工艺类别迅速发展繁荣的阶段，由于男性八团吉服袍仅有龙纹团窠一种主题，相较之下，八团女吉服袍的制作迸发出压倒性的灵感与活力。八团布局的袍服逐渐演变为具有女性特征的视觉符号，遂被男性吉服袍的主流使用者们舍弃。

除了八团无水女吉服袍，海水江崖出现在所有吉服袍下摆之上。相比朝袍上的海水江崖纹样，吉服袍上的海水江崖纹在清代中期以后逐渐发展出一种更具视觉优先性的特征——其在下摆上占据的面积逐渐增大，高度逐渐上升，故产生了“朝平吉立”（朝服“平水”，吉服“立水”）之说。早期吉服袍上的海水纹，皆是在水平方向延伸的一组波浪弧线，用以表现粼粼波涛，海面下方有五色祥云氤氲蒸腾（图 21）；袍服下摆的前后中缝及左右开裾处表现山崖，围绕山崖的是海水拍打产生的枝状或爪状浪花。值得注意的是，五色祥云末端后来逐渐向下延伸，进而演变成“立水”（图 22）。“立水”自乾隆中期以后被大量使用，成为吉服上海水江崖纹最典型的表现方式，而其原本是五色祥云的延伸与变体。

明代帝王首开在常服和祭服上同时使用十二章纹样的风气，清代帝王于 18 世纪接受十二章纹样时，将这种做法承袭下来。早期清代朝袍曾经尝试使用日月二章。在一

图18　明黄色满云地金龙纹妆花绸女棉龙袍　故42040

图19　明黄色缂丝八团金龙纹女夹龙袍　故43047

图20　紫色纱绣八团彩云金龙纹女夹龙袍　故42576

图21　雪灰色缎绣四季花卉花篮纹夹袍局部　故42144

图22　酱色纱绣灵仙祝寿金龙纹男夹龙袍　故42022

图23　清人画努尔哈赤朝服像轴

图24　清人画皇太极朝服像轴

组努尔哈赤、皇太极以及顺治皇帝朝服像中，明确表现了位于朝服披领上的日月二章（图23—25）。但需要注意的是，尽管祖孙三代君主生活年代不同，这组朝服像在绘画技巧与服饰风格上表现出明显的相似性，故极大可能是于同一时期绘制。所以严格说来，这组朝服像仅能证明至晚在顺治在位时期，清代皇帝使用过带有日月二章的朝袍。

至雍正朝，出于某种政治考量，十二章纹似乎重新获得了君主的重视，但是没有立即见于朝服，而是先在皇帝龙袍上进行了谨慎的尝试。目前可见的是七章和六章龙袍。七章龙袍上，除了位于两肩

图25　清人画福临朝服像轴

图26　明黄色缎钉线绣云龙纹天马皮男龙袍
故45187

图27　明黄色缂丝彩云蝠金龙纹女夹朝袍
故43565

的日月和前后正中的星辰纹，其余的黼、黻、华虫、宗彝等，皆采取左右重复对称分布，即所谓“重章”的做法（图26）。六章龙袍相较于前者则缺少了前后正龙头顶的星纹。

乾隆中期以后，在皇帝朝袍以及龙袍上使用十二章的做法基本成为定例。嘉庆朝起，在皇后龙袍上使用至少日、月、星、山四章纹。尽管皇后使用十二章纹的规制始终未见于清代官方颁布的法规政令，但在19世纪最后几十年里，由于孝钦皇太后（即慈禧太后）权柄在握，同治与光绪两朝，皇太后与皇后的朝袍、龙袍大量存在使用十二章纹的情况（图27）。故宫博物院存有相当数量孝钦皇太后使用的十二章龙袍。光绪朝内务府档案中亦记载为皇太后制作的上用龙袍及龙褂上带有十二章纹。档案还记载了孝钦皇太后将四章吉服袍褂料赏给恭亲王奕䜣及恭亲王福晋，体现了这位女主对皇室重戚的特殊恩荣。

黄色的逆袭：从庶人服黄到帝后黄袍

上海戏剧学院舞台美术系 邵旻

在现代人的眼里，中国传统服装色彩中的黄色，象征着九五至尊的帝王，高高在上，地位显赫。但如果我们回顾一下黄色服饰的历史就会发现，黄色的正大光明之路并非坦途。染色原材料易得，染色工艺相对简单的黄色，并不是古代高等级服饰色彩的最佳选择。从隋代开始，借助帝王的个人色彩喜好，黄色走出了一条逆袭之路，伴随着朝代更迭，一步步晋升到至高无上的色彩地位。

在中国历代医学典籍中，可发现用以染制帝王黄袍的植物都有另一个重要身份：中药材。伴随着不同历史时期的帝王对不同黄色的喜好，各种染黄本草粉墨登场，在“可药”的功能之外扮演着“可染”的角色，历代帝王黄袍也因此呈现出细腻的色调变化。

一、五行之黄与染黄本草

在获得帝王色彩的身份之前，黄色在中国色彩文化史上已经存在了很长一段历史。“黄”字的本意是明亮的日光之色，如阳光般耀眼，汉代《释名》释义为“日光色”。黄色与代表天的玄色相对应，是代表地的颜色，先秦时期《周礼·考工记》中就曾记载“地谓之黄”。此外，黄色“得阴阳之正气，天地之中色”，是五行色彩里的中央之色，代表五行之土，《左传》记载：“故曰‘黄裳元吉’。黄，中之色也。”

赋予色彩以文化身份的前提，是中国古人拥有从自然获取色彩的能力。药染同源的伟大智慧，使中国成为最早使用本草染制色彩、掌握彰施技艺的文明古国之一。从自然中获得黄色，对于中国古代的染匠来说，并不是一件难事。可以用来染制黄色的本草多达十余种，黄栌与柘木的枝干，黄檗的树皮，山矾与荩草的枝叶，栀子的果实，郁金、姜黄与地黄的根茎，槐树的花朵……都是中国古代的传统黄色染料。

同时，染黄本草的染色工艺也较为简单。大部分染黄本草只需要通过煎煮法滤取染液（与熬煮中药、滤取药汁的过程十分相似），再将面料直接浸入染液就可以完成染色，如黄栌、柘木、黄檗、山矾、栀子、郁金、姜黄；荩草、槐花等染黄本草，需要在煎煮浸染之后，再用明矾水进行媒染显色；地黄则是将新鲜根部加草木灰捣碎绞汁后进行染色。

若按物以稀为贵的价值规律，古时的黄色相较其他颜色，应该更为普通。事实也是如此，在很长一段历史时间里，黄色并非高贵的服装色彩。从先秦至隋朝，有关黄色的礼制资料记载十分稀少，黄色与帝王袍服之间的连接，仅限于方位用色或时令用色，如西汉、北魏、北齐、北周等皇帝的五郊或五时袍服体系中的黄色。

二、转变期：隋唐皇帝黄袍与黄栌

黄袍成为帝王的象征，是以隋文帝为起点的。黄色的逆袭之路始于隋文帝对色彩的个人偏好，因为皇帝喜欢穿着赭黄袍，臣民便纷纷效仿。唐代皇帝沿袭了隋代的黄袍习俗，并在这个基础上颁布了各种禁黄令，逐步将臣民排除在黄色服装的制度之外，于是黄色开始从君民通穿，转变为皇帝专享的服装色彩。

依照隋文帝时期的冠服制度，皇帝在视朝、听讼、宴见宾客时穿着白色服装。但是根据《旧唐书》《新唐书》《文献通考》《大明礼集》等文献记载，相对于白色，隋文帝更喜欢穿着黄纹绫袍。一开始，隋文帝只是在宴见宾客时穿着黄袍，后来在常朝时也开始穿着赤黄袍，甚至将朝服也改为黄袍，只是加十三环朝带以示与朝臣着装的区别。这场由皇帝引领的色彩风尚影响力巨大，宗室贵臣与朝堂百官都以黄色为尚，常常穿着黄袍常服出入殿省。穿着黄衣的风气日盛，黄色成为贵贱通穿的流行色彩。

虽然此时的黄色已经在上流社会悄然流行，但是穿着黄袍的行为只是律令之外的个人喜好而已，并没有以律法的形式加以限定。在严格遵循上下有别的色彩典章制度里，黄色仍然是下等服装色彩。《隋书》中记载了隋炀帝时期的戎衣色彩制度，五品以上文武官员穿着紫色，六品以下兼穿绯色与绿色；胥吏穿着青色，庶人穿着白色，屠商穿着皂色，士卒穿着黄色。服色制度中的黄色，等级仍然十分低

图1　黄栌枝干

图2　黄栌染真丝丝线

下。礼制与时尚中的黄色，逐渐形成两条分支。

唐朝皇帝也同样偏爱赭黄常服。唐高祖李渊于武德初制定衣服令，沿袭隋代黄袍服制，将黄色定为天子常服（宴服）色彩；同时，在唐高祖时期，流外官及庶人的服装色彩通用黄白色。通过典章制度，黄色正式进入君臣通穿的时期。唐太宗贞观年间，臣“仍通服黄”。唐高宗在龙朔二年（662）规定，八、九品官员在朝参及听事听报时可以兼穿黄色。至总章元年（668），臣民“一切不许着黄”的时期正式开始，黄色成为皇帝常服的专用色彩。

隋唐时期皇帝黄袍的颜色被称为赤黄色、赭黄色或柘黄色，多用黄栌染制而成。黄栌在我国主要分布在北方地区，初夏开花，如云似烟，因而得名烟树。又有变种“红叶”，深秋叶红，层林尽染，著名的北京香山红叶指的主要就是这类植物。黄栌的枝干可以用来染制黄色（图1），《本草纲目》里将黄栌描述为“叶圆木黄，可染黄色”。根据《天工开物》的记载，用黄栌枝干煎水染制织物后，如果再用草木灰水漂洗，就可以呈现漂亮的金黄色调（图2）。中国染色技术东渡日本后，日本染匠以唐制为范本，用黄栌与苏木染制赭黄色，并将之命名为黄栌染，黄栌染御袍为日本天皇专有服装中等级最高者。

三、稳固期：宋明皇帝黄袍与柘木

在宋明时期，黄色已经确立为皇帝常服的专用颜色，从制度的层面来说，黄色的地位十分稳固。黄袍虽然不再是臣民所能穿着的服装，但是色彩僭越的情况仍然时有发生，于是皇帝只得一再通过颁布禁黄令的方式进行警告，诸多黄色均在禁用色彩之列。

“陈桥一夜柘袍黄，天下都无鼾睡床”，赵匡胤身披柘黄袍在陈桥发动兵变，取得政权，建立宋朝，柘黄也由此成为皇权的象征色，深受宋代皇帝喜爱。根据《宋史》《文献通考》记载，宋朝皇帝在大宴时穿着赭黄或淡黄袍衫，常朝时穿着赭黄或淡黄褛袍，便坐视事和祀前一日穿着窄黄袍衫。此时的黄色，逐渐脱离了下层身份，成为宋朝皇帝的专属色彩。

无论是契丹族建立的辽国、女真族建立的金国，还是蒙古族建立的元朝，其服饰制度都体现本民族文化与汉族文化的大融合。在建国之初，辽金元沿袭本民族服饰旧俗，随着政权的进一步稳固，统治者逐步吸收汉族传统服装礼仪文化，兼存国制，呈现不同文化交融合璧的独特面貌。

契丹族、女真族、蒙古族都喜好白色服装，随着与汉族服饰色彩文化的不断融合，另一个以唐宋礼制为基本框架的服装色彩体系开始建立与发展起来。重熙五年（1036）以后，辽国皇帝开始穿着汉服，公服与常服都更定为柘黄袍；金太宗即位以后，金国皇帝的常服更定为赭黄袍，金章宗即位以后，因为世宗的丧期未过，将常服改为淡黄袍。虽然此时的黄色袍服并非皇帝专用，但是皇帝也曾屡次颁布禁色令，严格限定黄色的使用。例如，金世宗时期，禁止百官及承应人穿着纯黄油衣。元代舆服制度规定，庶人不得穿着赭黄色。在汉族服装色彩文化的影响下，黄色在辽金元仍然是代表皇权的特殊色彩，是庶人不可逾越的色彩禁线。

明初，礼制不备，明太祖召集博通古今的儒士们修撰礼书《大明集礼》，参照并修正了汉唐古制。经过几任皇帝的多次增补与勘正，明代服装色彩制度更加细致而复杂。在这个过程中，黄色的地位得到进一步明确，成为帝后的专属服装色彩。

与前朝不同的是，黄色出现在了明代皇帝的衮冕服装制度中。明朝皇帝十分重视冕服色彩中关于“玄衣纁裳”和“玄衣黄裳”的礼法问题。玄衣纁裳取法于“衣正色，裳间色”的古制，玄衣黄裳则取法于“黄帝尧舜垂衣裳而天下治”的天地之色，各有侧重。从洪武到嘉靖年间，玄衣纁裳和玄衣黄裳的服色制度交替更定，最终在嘉靖八年（1529）定为玄衣黄裳。黄色被赋予更多黄虞古制的精神内涵与政治理想，它的色彩地位在反复更定的过程中得到进一步提升。

明代皇帝的常服色彩，最初采用古制的月令色彩，只有在祭祀黄帝的土王之日才穿着黄袍。永乐三年（1405）以后，皇帝常服被更定为唐宋时期制定的黄袍制度。在存世的明代皇帝画像中，我们看到的基本都是穿着黄色常服的皇帝形象。

不仅是君臣之别，能否穿着黄色衣衫，也是明代后妃常服制度里不可僭越的。前朝君臣等级体系中的黄色专用制度延续到后宫，被用来区分后妃的等级地位。洪武三年（1370）初定常服制度时，皇后与妃嫔都可以穿着诸色团衫，但妃嫔的“诸色”有一项重要规定，就是“唯不用黄”。永乐三年，皇后的常服被更定为黄罗大衫，而妃嫔的大衫色彩仍然是除黄色之外的其他各色。

同时，黄色延续着唐宋以来的礼仪制度，仍旧是庶民不可触碰的禁区。明太祖、明仁宗、明英宗、明世宗、明孝宗等都曾颁布过禁黄令。除赐服外，严禁臣民穿着或使用代表帝王的玄、紫及黄，其中黄色系包括黄、柳黄、姜黄、明黄等色。

宋明时期的黄色深沉高雅，与隋唐时期相似，主要由柘木染制而成（图3）。柘是桑科植物，枝可造弓、根可入药、叶可饲蚕、果可充饥，通身是宝。《本草纲目》里这样描述柘木的染色功能：“其木染黄赤色，谓之柘黄，天子所服。”柘木属于直接型染料，染色工艺比较简单，通过直接煎煮染液、浸染面料，就可以获得从浅黄色到金黄色的丰富色调（图4）。柘是与桑并重的重要树种，桑与柘的叶子都可以用来喂蚕。先秦时，就有在农历三月保护桑柘免遭采伐、后妃命妇亲躬蚕事的月令。与其他的染黄植物相比，柘木不仅拥有染黄的功能属性，更在一定程度上为帝后的黄袍色彩增加了文化属性。

图3　柘木枝干

图4　黄栌染羊毛面料

四、巅峰期：清朝皇帝黄袍与栀子

清朝是中国最后一个封建王朝，也是中国古代历史上非常重要的非汉族统治王朝。与辽金元完全不同的是，清朝统治者对于汉族服装形制的改革是根本性的。在清太宗“衣冠为一代昭度，不相沿袭”的理念下，清朝皇帝颠覆性地变革了原有的服饰体系，并以方位与时令色为基础，建立起一套完备的色彩礼制。在废旧立新的过程中，黄色这个与帝王身份紧密连接的色彩符号，仍然深受清朝皇帝的重视与喜爱。于是黄色就在这波变革的风口顺势而上，在皇室服色制度中，获得至高无上的显赫地位。

早在服色制度还很粗疏的清初，黄色就已经成为君臣之间不可逾越的色彩分界。清太祖曾制定多项禁黄令，如“勿服黄缎”“惟黄及金黄色不许用”“黄缎，非赐不可服”，严格划清了黄色服装的使用范围，显示了清朝皇帝对于黄色的偏爱与重视。顺治帝即位后，又颁布了《服色肩舆永制》，明确规定除皇帝赐服外，公侯伯与品官禁止穿着黄色与秋香色等。

从雍正开始，明黄与石青、大红、月白一起，正式进入皇帝礼服的月令色彩体系。在这个色彩格局之下，乾隆又进一步对服色礼制进行了细致详备的梳理，通过《大清通礼》《大清会典》《大清会典则例》《皇朝礼器图式》等典章制度，进一步将黄色细化出明黄、杏黄、金黄、香色四个等级，分别对应四类皇室成员，最终形成明黄与皇帝、皇太后、皇后、皇贵妃的对应关系（图 5），杏黄与皇太子、皇太子妃的对应关系（图 6），金黄与皇子、贵妃、妃的对应关系（图 7），香色与嫔、贵人、皇子福晋、郡王福晋、县主、皇子侧室福晋等的对应关系（图 8）。

与前朝皇帝相比，清代皇室更喜欢穿着鲜艳的黄袍。栀子在清代成为染黄的主角，并且通过与槐花等其他染黄本草的配伍，细腻地区分出了黄袍的色阶与色相。栀子是茜草科，果实可兼作药用与染用（图 9）。中国古人使用栀子染黄的历史十分悠久，在这段漫长的时间里，染用功能逐渐替代药用功能，成为“入染家用，于药甚稀”的本草。栀子是直接型染料，工艺简单、鲜艳夺目（图 10），但是所染的黄色不耐日晒，因此需要配伍其他黄色染料进行混染或套染。

从形而上的典章制度而言，在正色系统中原本低调的黄色，因为隋唐皇帝的个人色彩偏好而开始了逆袭之路，此后，黄色被赋予更多礼制层面与精神层面的意义，从日常逐渐走向高位，最终在颠覆性的色彩改革中获得了至高无上的地位。从形而下的彰施工艺而言，属于皇帝的黄色，并不是简单的、单一的色彩，唐代皇袍染料黄栌、明代皇袍染料柘木、清代皇袍染料栀子，不同朝代的帝王黄染料呈现出不同的黄色，为中国传统色彩文化的流变构建了丰富的视觉面貌。

图5 明黄色绛丝金龙纹男单朝袍

图6 杏黄色缂丝双凤花卉纹氅衣料

图7 金黄色荷莲双喜纹线绸

图8 香色八团金龙纹妆花缎女夹龙袍

图9　栀子果实

图10　栀子染真丝面料

清宫蟒衣色彩与纹样之演变*

故宫博物院 宫廷历史部 孙召华

清宫戏曲演出可谓空前繁荣，不仅帝后喜好和精通戏曲，演戏频密、连绵不绝，而且历史上首次将演戏列入朝廷仪典之中。清宫演戏开端于顺治朝，但此时政权立足未稳，赏戏只是偶一为之，尚未形成规制。至康熙朝中期底定中原，社会经济恢复发展之后，皇室才有闲暇有财力赏戏，演戏日渐频繁，挑选江南伶人北上入宫演戏，南府、景山相继建立起来。随后的雍正、乾隆、嘉庆朝，演戏规制更加健全，伶人规模空前，戏台遍布紫禁城内外，清宫演戏渐入鼎盛时期。但转入道光朝，道光帝面对困局以务实节省自期，尽裁外学伶人，合并景山、南府并重组为升（昇）平署，变卖行头切末，清宫演戏盛极而衰。直至咸丰十年（1860）为庆贺咸丰帝三十万寿，才挑选京城戏班名伶以及三庆、四喜、春台等著名戏班入宫演戏，由此民间流行的乱弹戏得以传入宫中。但咸丰帝驾崩后，在慈安皇太后等人的影响下，道光朝的演戏格局再度恢复。数年后，同治帝、慈安皇太后相继驾崩，清宫多年禁戏，演戏相对节制。直至光绪九年（1883）八月十一日释服，大权独揽的慈禧皇太后方得以恣意看戏，遂挑选京城皮黄名伶入宫演戏教戏，清宫演戏迎来最后的一波高潮。

---

* 本成果得到故宫博物院“英才计划”和北京故宫文物保护基金会学术故宫万科公益基金会专项经费资助。

清宫的戏曲舞美随之登峰造极，其中尤以戏衣为最。戏衣之制作自是为了应清宫演戏之需，随演戏发展而发展，尤其帝后万寿节庆典往往会大量定制行头切末。故而，现存清宫的行头切末等文物，以成做于乾隆和光绪时期的为最多，成做于道光、咸丰时期的少见，成做于同治时期的当也有不少，但目前尚未能与成做于光绪时期的明确区分开来。仅就蟒本身而言，故宫现存700余件，可以道光朝为界，明显分为清早中期和晚期两个阶段。本文通过对两个阶段蟒的颜色和纹样的比对，探讨蟒的舞台风格演变，并从中管窥清宫戏曲舞美在昆弋戏与皮黄戏（即京剧）之间的沿革传承关系。

一、清早中期的蟒

戏台上的蟒，源于明代政治生活中的官员赐服——蟒衣，齐肩圆领，大襟右衽，阔袖，男蟒衣长及足，袖裉下插有立摆，女蟒衣长过膝，无立摆，穿时另配云肩和下裙。从清早期至清末民初以至当今，蟒的基本形制变化不大。变化最显著的是袖式，早中期的蟒不设水袖，袖长更长，因而两袖通长及其与身长的整体比例不同于后世的蟒；袖之底缝自袖裉处呈圆滑流畅的弧形延展而出，晚期以来改为方裉、底边平直。后世的蟒有了水袖之设，水袖不断加长，以强化动作、传达感情，所以袖子本身可以缩短，减省工料。就质料而言，蟒采用质地挺括的大缎，料折线条粗犷，有利于抖袖、撩袍等舞台动作，展示出戏台上的阳刚之美。[1]稍不同者，早中期的蟒更喜用妆花织物，主要是妆花缎，更为厚重挺括，也有少量的妆花纱、缂丝、素缎加绣；清晚期以来，则基本上都是素缎加绣，偶见呢、布制作的个例。

戏台上蟒的颜色，有一个随戏曲演出的发展而颜色不断丰富的过程。如李斗《扬州画舫录》记载，乾隆时期扬州昆曲戏班的“行头”尚只有“五色蟒服”。[2]此“五色蟒服”就是后世所谓的“上五色”，即红、绿、黄、白、黑五正色蟒。迨至清晚期，又增加紫、粉红、湖色、蓝、秋香或古铜色五种颜色，即“下五色”，而成为十色蟒。与民间戏衣不同的是，由于清宫大戏剧情复杂、人物角色众多，清宫戏衣中蟒的颜色很早就远远突破了上五色的限制，颜色相当丰富。从成书于嘉庆二十五年（1820）的《穿戴题纲》来看，其中蟒已出现黄、红、绿、白、黑、紫、粉红、银红、蓝、月白、香色、石青十二种颜色。而从故宫现存清早中期的蟒的实物来看，除五正色蟒之外，还有香色、杏黄色、古铜色、桃红色、银红色、粉红色、果绿色、湖绿色、深蓝色、月白色、紫色、酱色、豆沙色等十三种颜色（图1至图6、图8）。另有一点需要强调的是，清代宫廷服饰和戏衣用色很难染制出纯黑色，通常称为青色，更偏黑一些的称为石青色、玄（元）青色。

就蟒的纹样而言。戏台上的蟒，虽然源自实际生活中饰以四爪蟒纹的蟒衣，但不同的是普遍饰以

---

[1] 谭元杰：《戏曲服装设计》，文化艺术出版社（2000），第108页。

[2] 李斗：《扬州画舫录》，山东画报出版社（2001），第157页。

五爪龙纹及下摆处的“蟒水”，仅有极个别时期出现龙之五爪被挑去一爪而呈四爪蟒纹的现象（图 3）。需要明确的是，清宫戏衣中的蟒无一例外均饰以龙纹，女蟒亦如是，这跟民国以后至现代女蟒饰以鸟中之王的凤凰、花中之魁的牡丹，仅老旦蟒饰以团龙或团龙凤纹截然不同。从蟒的主体纹样——龙纹来看，可以分成三种迥然不同的的形态。其一，团龙蟒（图 1），通常是全身饰以十二团龙，前身三团，后身三团，两肩各一团，两袖前后面各一团，呈对称布局；有的底襟上还有一团，合为十三团。与后世习见的十团龙蟒相比有明显不同，一是龙团之间没有云蝠、八宝等插底纹样，二是两袖口前面仍存留龙团而多出两团，若加上底襟的一团则多出三团。团龙蟒下摆处一般都有蟒水，也可见个别没有蟒水的现象（图 9、图 10）。其二，数量最为大宗的是散团龙蟒（图 2），或可称为游龙蟒，仍为十二个龙团，但没有云纹构成的闭合圆环，散龙团之间有插底纹样，龙团尺寸较之团龙蟒的龙团放大，而且前胸、后背、两肩的正龙龙团尺寸明显大于其他的游龙龙团，呈现云龙纹遍布全身的整体观感。除袖子宽窄不同之外，散团龙蟒前后身的纹样布局，与清代帝后的吉服袍，即俗谓之龙袍的纹样布局，有着异曲同工之感。[3]其三，大龙蟒，在散龙团蟒的基础上将前胸、后背的正龙进一步放大，呈过肩大龙或前后身仅一条大龙的样式。据现存实物，女蟒为过肩大龙蟒（图 11），胸口为龙首，龙身盘旋而上，经左肩而龙尾甩至左肩后，后背也有一过肩大龙经右肩而龙尾甩至右肩前。整体上看，两条龙围绕领口呈中心对称，蟒的前身、后身的纹样布局完全相同。男蟒除过肩大龙蟒外，更见有前后身只有一条升龙的独龙蟒。过肩大龙纹的造型，同样可见于明代政治生活中的蟒衣。

蟒下摆之处的蟒水即海水江崖纹，早中期的蟒通常只有弯立水这一种形式，而且蟒水普遍较低，甚至年代较早者不见弯立水；但随着时间推移，出现逐渐升高的趋势。如一件香色妆花缎女蟒（图 2），从衣料和成衣年代上看均为乾隆朝早期的，即仅有立水之上的卧波，不见其下的弯立水。这当为清早期匹料风格的延续，如一件月白色妆花纱女蟒（图 11）。另一件明黄色妆花缎男蟒（图 12），具体年代为乾隆朝偏早，弯立水更低。一件粉色缎加绣男蟒（图 13），弯立水又有明显升高。弯立水之上，通常没有其他纹样，但已开始出现花朵浮现在弯立水之上的个别现象，如一件红色暗花纱加绣女蟒（图 14），蟒水之上有朵菊纹。至于团龙之间的插底纹样，普遍为彩云纹，但也有个别的蟒开始出现蝙蝠、花果、八宝等纹样。典型者如一件桃红色妆花缎男蟒（图 4），前胸、后背的正龙团周边有八宝、花果纹，蝙蝠纹与彩云纹一同遍布全身。蟒水的升高以及装饰纹样的出现、插底纹样的丰富，都开启了向后世习见的蟒的演化。

---

[3] 张琼：《清代宫廷服饰》，香港商务印书馆（2005），第55—57页、第60—70页、第149—157页。

图1　杏黄色十二团彩云金龙纹妆花缎女蟒

图2　香色彩云金龙纹妆花缎女蟒

图3　古铜色十二团彩云金龙纹妆花缎男蟒

二、清晚期的蟒

从颜色上看，晚期的蟒颜色更加绚丽多彩，实际上构成了一系列深浅不一的色系，可谓蔚为大观。黄色系，在明黄色、杏黄色、古铜色、香色之外，新出现驼灰色（图15）、比杏黄色浓度更淡的浅杏黄色，以及比明黄色更显红的金黄色。绿色系，在绿色、果绿色、湖绿色的基础上也更趋多样化，可见有水绿、品绿、翠绿（图16）、碧绿（图17）、青绿等或浅或深的绿色。白色系，新出现蛋青色（图18）这一种不同于白色而又比月白色更浅的颜色。青色系，新出现红青、藏青，当然这在舞台上的效果与青色蟒差别并不显著。“上五色”之外，所谓“下五色”的蟒更为多见，色名令人眼花缭乱。蓝色系，在早中期只有月白色、深蓝色的基础上，新出现蓝色、宝蓝色、品月色、品蓝色、湖色等。紫色系，新出现玫瑰紫、藕荷色（图19）、茄紫色、绛色、雪青色等（图20）。“下五色”蟒色名、色系之丰富，一方面既是戏台演出众多角色扮相之需，另一方面也是缎料染色有色差而被用作蟒之衣料，为准确命名而人为区分的结果，可能实际并无穿用程式上的严格差异。

从纹样上看，清朝晚期的蟒相对早中期来说变化更为显著。

首先，龙纹进一步简化、定型，成为程式性更强的戏衣。具体又有两个表现：一是团龙蟒和散团龙蟒的龙团一概固定为十个，前身三个、后身三个、两肩和两袖端后面各一个，两袖端前面的龙团和底襟上的龙团消失不见，连带整袖前面下半部分都不再绣纹样（图16）；一是过肩大龙蟒消失不见，只存留有前后身各一条大龙的独龙蟒这一种样式。团龙蟒和散团龙蟒之所以不再保留袖端前面和底襟上的龙团，显然因为这三个龙团在演出时并无多少实际展现的机会，或者说并不是向观众展示的重点——穿蟒的角色通常曲臂拱手演唱，反倒是袖端后面的龙团面向观众。既然并无多大实际用途，前面的龙团就不再有保留的必要。而过肩大龙蟒的消失，显然与其仅将前胸、后背的龙形加大，与散团龙蟒的区分并不显著有关，因而远不如独龙蟒符号性、程式性强（图20）。此时独龙蟒的龙为龙头朝上的升龙姿态，不同于后世龙头朝下、龙尾在上的降龙姿态。

与之同时，辅助纹样和蟒水的种类更趋丰富。龙团之间的插底纹样更为多样，早中期偶见的蝙蝠纹、八宝纹晚期已经常见，并有了进一步的分化。蝙蝠已经成为云纹的固定组合纹样，在云蝠纹之外还散布鹤纹、八宝纹、暗八仙、花果纹等纹样。除这些绒绣的纹样之外，常有平金绣的团寿字、双喜字、皮球花等纹样，这几种纹样一般不会在一件蟒上同时出现。辅助纹样的分化，显然是为了适应特殊的角色身份和演戏场合之需而制作的，比如带暗八仙、鹤纹的蟒为道家背景的角色穿用，带八宝纹的蟒为佛家背景的角色穿用，带团寿字的蟒为帝后万寿节典礼演戏之用，带双喜字的蟒为皇帝大婚典礼之用。

其次，团龙蟒的龙团之间同样散布云蝠纹等插底纹样，装饰性更强，戏台上的视觉效果更好。团龙蟒带有插底纹样，粗看之下容易与散团龙蟒产生混淆，但实际与散团龙蟒仍然并行不悖，而且团龙蟒颜色多样，既有男蟒也有女蟒（图21、图22）。显然，团龙蟒和散团龙蟒之间是有着穿戴规制上

图15　驼灰色缎绣彩云蝠金十团龙团寿字纹男蟒

图16　翠绿色缎绣彩云蝠金十团龙团寿字纹男蟒

的区别的。

在蟒水上，也有两个明显的变化，一是蟒水整体升高，在衣身上占有大幅面积，蟒水之上装饰有大朵牡丹、蝴蝶、寿桃等吉祥纹样；二是蟒水的式样趋于丰富，由原来单一的弯立水，扩展出现直立水、立卧三江水、立卧五江水、全卧水等式样。如一件白色缎绣彩云蝠金散团龙纹男蟒（图23），三蓝绣直立水，立水之上绣大朵折枝牡丹，年代为晚期偏早。又如前述翠绿色缎男蟒（图16），立卧五江水，蟒水之上有红蝠、万字、牡丹等纹样。另有一件湖色男蟒（图24），平金绣直立水，而且留出水道，更具气势。

而从纹样的刺绣工艺来看，晚期蟒主要为绒绣、盘金绒绣和平金平银绣，纹样全都附着在表面，更为艳丽夺目，装饰性、符号性更强。尤其大面积的平金绣，圆金线刻意做得粗壮，更是熠熠生辉，在灯光照耀下可充分反射光芒，夺人眼目。除刺绣纹样之外，年代更晚一些的蟒于全身点缀广片和玻璃镜，更加明亮夺目，这一全新的装饰材料无疑增添了戏衣的舞台效果（图20）。

这一时期有三个新现象值得关注。一是清末开始出现镶边蟒，位于前后身下摆、两袖端、大襟右边沿和两立摆，一些蟒的衣领也有一圈同样的镶边。镶边通常为异色缎，镶边上加绣显著纹样。镶边蟒，既有独龙蟒，也有团龙蟒和散团龙蟒。如一件白色缎盘金墨绣大龙纹男蟒（图25），周身镶有黑缎圈金白绣狮戏球纹宽边，黑白色相反相成。二是出现了一些满身平金绣曲水万字、连钱纹等吉祥纹样做底纹再加团龙云蝠纹的蟒（图26）。三是清末出现一批不见龙纹，而代之以松鹤延年、太平有象、年年有余、瓜瓞绵绵等为主体纹样的蟒，男女蟒皆有。这些纹样特殊的蟒，当为适应特殊剧情的角色而专门制作的，装饰性、符号性更强。

三、蟒之舞台风格的演变

清代宫廷演戏，自康熙、雍正朝雅尚昆弋，至乾隆朝“侉戏”（即一种新兴地方戏）悄然入宫，再至咸丰朝以后皮黄戏因帝后的喜好而在宫中所占比重不断增加，至光绪朝竟后来居上，发生了戏剧性转变。作为戏曲衣箱中首要的品类，蟒也随清宫演戏一道，经历了两百余年的发展完善和舞台风格的演变。

首先，从形制上而言，水袖的从无到有、从短到长，以及随之而来的袖长缩短，袖根处由圆而方及袖底边由弧线而直线，下摆底边亦由圆滑弧线而直线和底襟底边高于大襟底边，都便于戏台上演员的动作舞蹈，可舞性增强。而整体造型上的由圆而方、由柔和而刚硬，带来了视觉审美上的变化，更有利于表现戏中服蟒者的权势。造型简化规范，也有利于减省工料，便利了戏衣的制作和专业化批量生产。

其次，从质料上而言，蟒经历了一个由妆花、缂丝织物为主转变为素缎加绣的过程。到清晚期，

图23　白色缎绣彩云蝠金散团龙纹男蟒

图24　湖色缎平金绣大龙纹钉广片男蟒

图25　白色缎盘金墨绣大龙纹钉广片镶边男蟒

图26　青色缎平金绣连钱纹地十团龙纹女蟒

缂丝、妆花织物在蟒以及其他戏衣品类上的消失，这固然可以从衣料贵重、来源紧缺上得到部分解释，但更需要从清宫戏曲和戏衣本身的发展变化中寻求答案。比较可以发现，同样是蟒所必备的彩云金龙纹，妆花、缂丝织物的纹样混合于织物地子中，片金线窄细，整体显得色彩淡雅婉约；素缎加绣的纹样则浮在缎子表面，色彩浓艳醒目，平金平银绣更是熠熠生辉，整体上更富有视觉冲击力和表现力。缂丝的废弃，显然还与皮黄戏更追求做功，与武打、武戏更流行有关，通经断纬的缂丝面料结构强度差，很容易在表演中受损。

再次，从色彩而言，清宫戏衣中的蟒，早在乾隆时期便已具备十多种颜色，其中就有被归为“下五色”的香色、杏黄色、古铜色、粉色、桃红色、果绿色、月白色、深蓝色、酱色等。清晚期，蟒的色彩种类更多，尤其蓝色系和紫色系的蟒色彩缤纷，乃至难以准确区分命名。颜色的增多，除了便于区分戏台上的众多角色，也使蟒的程式性、可舞性更强，营造出戏台的整体和谐之美。

最后，从纹样上而言，蟒同样经历了一个不断摆脱实用蟒衣原型影响，纹样日趋丰富，成为装饰性、程式性更强的专用戏衣的过程。早中期的过肩大龙纹蟒、团龙蟒没有插底纹样，个别甚至没有蟒水，以及女蟒无一例外皆为龙纹而非凤纹的现象，都显示了明清宫廷实用服饰的影响。[4]而团龙蟒和散团龙蟒袖口前面龙团消失，并简化固定为全身十团龙的格局，插底纹样的从无到有、由简而繁，蟒水由单一弯立水发展为类型丰富，且蟒水之上浮现牡丹、寿桃、蝙蝠、蝴蝶等吉祥纹样，平金绣团寿字、双喜字、皮球花纹样的出现和绝不同出，以及镶边蟒和满身平金绣地纹蟒的出现，等等，这一切都大大提高了蟒的装饰性，便于强化戏中角色的权威。同时纹样的种种区分，也使得蟒的符号性、程式性更强，更贴合戏中角色的独特身份，甚至达到为某一出戏置办专用蟒的地步。

---

[4] 这一点明显受明清政治生活中服饰原型的影响。如过肩大龙纹蟒，可以见到明代皇帝赐服蟒衣的影子，图见孔子博物馆：《齐明盛服：明代衍圣公服饰展》，文物出版社（2021），第74—85页。如下摆“无水”的服装，在后妃服装中常例用龙纹装饰。可参阅《清代宫廷服饰》，第53—54页、第58—59页、第96—133页、第148—157页。

清宫戏曲服饰中的八仙衣

故宫博物院 宫廷历史部 毛劼

八仙，是中国古代广受民众喜爱的神仙群体。据蒲江清的考证，八仙故事的传播与祝寿活动有紧密的联系。[1]唐时道观绘有十二真人图，可借俗家祝寿之用，后演变为八仙图，八仙形象从而深入到民间。祝寿的戏码中，八仙排场最受欢迎。明代宫廷演剧中即不乏八仙出场的剧目，如《脉望馆钞校本古今杂剧》就收有《祝圣寿金母献蟠桃》《众天仙庆贺长生会》《贺升（昇）平群仙祝寿》等剧目，并记载了服饰穿戴的“穿关”，为研究八仙衣的演变提供了宝贵资料。八仙戏在清宫演剧中亦颇受青睐，不论帝后寿辰还是燕九节庆演出，均可见八仙剧目。[2]清代宫廷为八仙戏的演出制作了大批八仙戏衣，其制作不仅见于内务府造办处档案的记载，故宫博物院还收藏有清代不同时期的八仙衣戏曲服饰近八十件。考察八仙衣的档案文献与实物遗存，可以发现清代宫廷舞台美术的发展演变，以及戏曲服饰色彩应用的特点。

---

1. 蒲江清：《八仙考》，《清华大学学报》，1936年第1期。
2. 关于清宫八仙戏剧目的研究，可参阅曹连明：《试论八仙戏曲的起源和流变——兼谈宫藏八仙衣及清宫八仙戏演出》，《清代档案与清宫文化——第九届清宫史研讨会论文集》，中国档案出版社（2008）。

一、清乾隆时期的八仙衣

明代宫廷演剧中，八仙衣依道家人物穿用的道袍改造而成。据《脉望馆钞校本古今杂剧》所载，除蓝采和穿“绿襴”外，其余七仙所穿均为道袍形制，曹国舅、韩湘子、张四郎[3]穿“云鹤道袍”，汉钟离穿“红云鹤道袍”，吕洞宾穿“茶褐云鹤道袍”，铁拐李穿缝缀补丁的“皂补衲”道袍，张果老穿有镶缘的“边襴道袍”。[4]在道袍形制的基础上，不同角色通过颜色和纹饰进行区别，但总体仍保持着修仙问道之人较为质朴的风格。

清代宫廷演剧空前繁盛，发展至乾隆时期，戏曲舞台美术更是登峰造极。相较于明代，八仙衣的装饰性进一步加强。据文献记载，乾隆五年（1740）与乾隆六年（1741）先后两次下旨制作八仙衣。内务府造办处《活计档》记录了太监高玉呈览的两套八仙衣。依角色将两套八仙衣相对照，整理如下表：

人物	乾隆五年《活计档》	乾隆六年《活计档》
汉钟离	大红色汉钟离绣衣一件	大红缎镶青边绣流云钟离仙衣一件
吕洞宾	明黄色吕洞宾绣衣一件	棕色缎蓝缎拼做镶青边堆花洞宾仙衣一件
蓝采和	紫色蓝采荷绣衣一件	镶青缎拼做五色缎绣白绫花团彩和仙衣一件
张果老	月白色张果老绣衣一件	香色缎镶青边绣桃蝠果老仙衣一件
韩湘子	石青色韩湘子绣衣一件	藕色缎上身月白绫底裙湘子仙衣一件
铁拐李	黑青色铁拐李绣衣一件	青缎三镶绣金葫芦拐李仙衣一件（随云肩一件）
何仙姑	绿色荷仙姑绣衣一件	水红缎上身月白绫底裙仙姑衣一件
曹国舅	银红色曹国旧绣衣一件	绿缎绣团蟒国舅仙衣一件

表一　乾隆五年《活计档》与乾隆六年《活计档》所载八仙衣

八仙衣的用色十分丰富，不仅涵盖了红色、黄色、紫色、蓝色、绿色等色系，且每个人物的用色都不相同。乾隆五年，乾隆皇帝还特意下旨改色：“将韩湘子石青色绣衣另换做香色，铁拐李黑青色

[3] 在清代八仙故事传播的过程中，张四郎为何仙姑所取代。

[4] 《脉望馆钞校本古今杂剧》，《古本戏曲丛刊四集》，商务印书馆（1958）。

绣衣另换做石青色”[5]，使二者颜色不致重复，可见其对戏衣色彩的特别关注。此外，吕洞宾衣原用明黄色，根据穿戴规制，明黄色的使用有着严格的身份限制，仅为帝后所用，因此在后来呈览纸样时，又将吕洞宾衣改为鹅黄色。

考察两年档案中同一角色的色彩应用，除汉钟离、铁拐李分别沿用大红色与青色外，其他角色均有变化。乾隆六年档案记载的八仙衣用色更为丰富，其中吕洞宾与蓝采和均使用拼色，且饰以镶缘。档案详细记载了制作八仙衣所用的衣料：“大红素缎一疋、月白素缎一疋、秋香色素缎一疋、松绿素缎一疋、青素缎一疋、姜黄素缎二丈四尺一块、桃红素缎一丈四尺八寸一块、大绿青（素）缎一丈四尺八寸一块、紫色素缎一丈五尺六寸一块、银红寿字缎二尺四寸一块。”乾隆皇帝下旨：“用此各色缎照八仙衣绣做八件，其八仙衣之花样有应改之处更改，先画样呈览，准时再做。”[6]所用匹料涉及十种颜色，且与原有八仙衣颜色并不一致，八仙衣的色彩应用还未形成规律。

故宫博物院现存的乾隆朝八仙衣实物仅两件，分别为铁拐李和韩湘子所用。二者均为帔形制，根据纹样判断应为同一时期的作品。铁拐李衣为青色缎地，绣十团葫芦形开光图案，内有铁拐李人像，衣身散绣云蝠暗八仙纹，下摆绣海水江崖及鹤鹿同春纹样，领内墨书“拐李”“重华宫大记”，钤墨印“大戏记用”“同春”“仁和”“如意”“长春”及朱印“升平署图记”等，可知其至晚清时仍在使用。韩湘子衣为绿色缎地，开光图案为石榴形，内有骑鹤仙人像，其余纹样与铁拐李衣近似，领内墨书“寒相子”，为“韩湘子”之误。两件戏衣绣工精致，色彩搭配和谐，体现出乾隆时期戏衣制作的较高水准。

二、清朝晚期的八仙衣

乾隆时期制作的大量精良的戏衣，有的一直沿用至清末，有的则因褴褛不堪使用而被“开除”变卖。据道光二年（1822）《恩赏日记档》记载的行头切末开除情况：宫内衣箱有各色八仙衣十六件，开除八件；圆明园大戏衣箱中有各色八仙衣四十八件，开除十六件。[7]开除之后尚余完整的五套四十件八仙衣。同治以来，慈禧太后尤好观戏，现有的行头切末已不能满足需求，戏衣的制作也迎来又一个高潮。伴随着戏曲舞台美术的发展，八仙衣风格也为之一变。据档案所载，为庆贺慈禧太后五旬与六旬万寿演剧，均制作了八仙衣。故宫博物院现存的近八十件八仙衣，除两件为乾隆时期外，其余均为同治、光绪及宣统时期制作。笔者对现存的八仙衣实物进行梳理，依八仙人物归类，总结了各自戏衣色彩、形制及代表纹饰等特征，列表如下：

[5] 中国第一历史档案馆、香港中文大学文物馆：《清宫内务府造办处档案总汇》（第9册），人民出版社（2005），第383—384页。

[6] 《清宫内务府造办处档案总汇》（第10册），第149—150页。

[7] 中国国家图书馆：《中国国家图书馆藏清宫昇平署档案集成》（第1册），中华书局（2011），第348页、第360页。

人物	色彩	形制	纹饰
汉钟离	红色（现仅存一件玫瑰紫）	特殊形制，琵琶领，带肚形	蝙蝠、桃实纹
铁拐李	青色（现仅存一件藕荷色）	特殊形制，敞领，带肚形	葫芦纹
张果老	香色（现仅存一件驼色）	褶子	蝙蝠、桃实纹
曹国舅	酱色；紫色；藕荷色	蟒	团龙纹
蓝采和	粉色；桃红色；红色	短衣，似仙童衣	花篮纹
吕洞宾	拼色；蓝色；月白色；品月色	褶子或开氅	牡丹、蝶、仙鹤纹
韩湘子	绿色；水绿色；湖绿色；雪青色；月白色	褶子	四时花卉纹
何仙姑	桃红色；雪青色；月白色；玫瑰紫色；品蓝色；豆绿色	仙衣，上衣下裳相连	荷花纹

表二　清晚期八仙衣的色彩、形制与纹饰

从形制上看，不同角色的戏衣采用了不同形制，如曹国舅用蟒，张果老、韩湘子用褶子，吕洞宾用褶子或开氅，何仙姑衣近宫衣，蓝采和衣似仙童衣，均与其身份相吻合。汉钟离与铁拐李衣则不符合既有的形制，领、胸、腹部呈开放状，并配有塑形肚囊，上绘皮肤毛发纹样，以模拟袒胸露乳之状。慈禧太后五旬万寿所添置的戏衣中，有“各色缎绣八仙衣一分”，其后注云“绸里，随肚子二个，黑红，计八件”[8]，即指汉钟离与铁拐李所用肚形配件。此外，八仙衣还多在腰间饰腰梁和倭子，以与世俗人物角色相区别（图 1、图 2）。

从纹饰上看，依八仙传说故事，八仙各有法宝，八个法宝构成暗八仙纹，作为吉祥纹样成组使用。体现在八仙衣上，则与人物角色对应使用，如铁拐李之葫芦、何仙姑之荷花、蓝采和之花篮（图 3），此类本就是戏衣上常见的，顺理成章地成为各角色的标志性纹样。而诸如吕洞宾之宝剑、汉钟离之芭蕉扇、曹国舅之阴阳板、韩湘子之洞箫及张果老之渔鼓，均属器物，则借用其他纹饰装饰。如曹国舅衣依蟒的形制，饰以团龙纹，凸显其身份显赫（图 4）；韩湘子衣多用梅兰竹菊等四时花卉纹样，与其文雅书生气质相符；吕洞宾衣多用牡丹等纹样，源于吕洞宾戏白牡丹的故事；汉钟离与张果老多用

[8] 《清慈禧太后五旬万寿拟置行头折底》，参见杨连启：《清宫戏曲档案萃编》（第一卷，上），学苑出版社（2016），第231—232页。

图1　红色缎绣折枝花蝠金团寿字纹八仙衣（汉钟离）

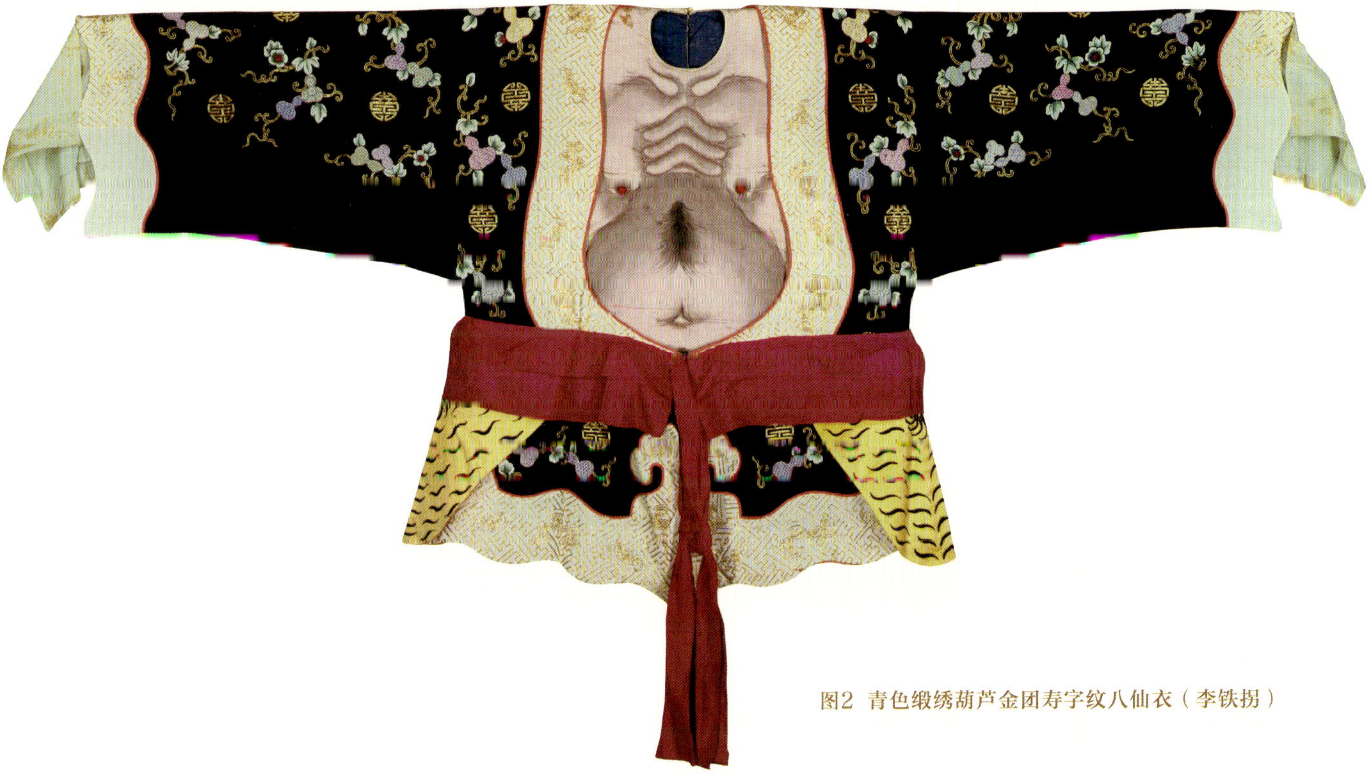

图2　青色缎绣葫芦金团寿字纹八仙衣（李铁拐）

图3　粉色缎绣花篮金双喜字纹八仙衣（蓝采和）

图4　酱色缎绣彩云蝠团龙金双喜字纹八仙衣（曹国舅）

蝙蝠、寿桃纹样，取福寿之寓意。部分八仙衣继承了乾隆时期八仙衣的开光人像图案，但仅在背后正中的位置予以保留。人像以绒线绣作，缝缀于戏衣上，人像的衣饰与整件戏衣形制相呼应，八仙人物的发饰、冠帽、所持法宝等均进行细致描绘，颇具立体感。

从色彩上看，清宫晚期八仙衣各角色的色彩应用可划分为三种类型。其一为固定用色，包括汉钟离、铁拐李与张果老。汉钟离衣用红色，自明代始便如此，铁拐李衣用青色，乾隆朝时已成定例。张果老衣用香色，符合戏曲舞台上年老者的穿戴规范（图5）。有意思的是，故宫博物院存有三个人物的藕荷色、玫瑰紫与驼色戏服各一件，当为被新的流行色影响下的别出心裁之举，可视为例外。

其二为同一色系用色或在其基础上的拼色。同一色系以曹国舅与蓝采和为代表。曹国舅衣用紫色、酱色或藕荷色，均属紫色系。蓝采和衣用粉色、桃红色或红色，均属红色系。在同一色系的规范之内

图5　香色缎绣彩云蝠金双喜字纹八仙衣（张果老）

又具有一定的灵活性。吕洞宾衣较为特殊，以单色为地的，如蓝色、月白色、品月色等，均为蓝色系。此外，吕洞宾衣还以拼色为显著特征。拼色是僧道角色的典型特征，由若干种颜色的面料以规则的格子状拼接而成，形成的图案又称水田纹。乾隆六年造办处档案所见“棕色缎蓝缎拼做镶青边堆花洞宾仙衣”即为棕色与蓝色拼色，清晚期的吕洞宾衣均使用蓝色系与其他颜色拼制而成，亦归入此类（图6）。

其三为灵活用色，如韩湘子与何仙姑。韩湘子衣多用绿色、水绿色、湖绿色，又兼用雪青色、月白色等。何仙姑衣用色则更少拘束，如桃红色、雪青色、月白色、玫瑰紫色、品蓝色、豆绿色等。因何仙姑为八仙中唯一的女性，故多使用明亮或鲜艳的颜色，以凸显其身份。由于八仙衣常成套使用，因此灵活用色可与固定用色相搭配，使八仙衣整体颜色不致重复，既不逾矩，而又多变幻（图7）。

图6　拼各色缎绣折枝花蝶金双喜字纹八仙衣（吕洞宾）

相较乾隆朝的档案记载与实物遗存，清晚期的八仙衣在形制、纹饰与用色等方面均呈现出显著的变化。从形制、纹样到色彩，均形成新的舞台规范，且赋予八仙更鲜明的个性。色彩的应用也与时俱进，随着西洋染料的引入，使用苯胺染料染制的流行洋色也应用于戏衣制作中，[9]推动晚清戏衣新的审美趋势的形成。

三、八仙衣色彩应用的标示性与装饰性

在戏曲服饰的色彩应用体系中，色彩具有极强的标示性。谭元杰在《戏曲服装设计》中指出，色彩具有“表情达意”的功能，能“标示人物身份，外化性格情绪，暗示所处情境”[10]。八仙衣的色彩应用正体现了这一特性。关于八仙的身份，明代王世贞在《题八仙像后》中总结道：“以是八公者，老

---

[9] 章新：《清末宫廷女服缘边镶饰配色观》，《2022中国传统色彩学术年会论文集》，文化艺术出版社（2023），第284—285页。

[10] 谭元杰：《戏曲服装设计》，文化艺术出版社（2000），第90—91页。

图7　桃红色缎绣团荷鸟金双喜字纹八仙衣（何仙姑）

则张，少则蓝、韩，将则钟离，书生则吕，贵则曹，病则李，妇女则何，为各据一端作滑稽观耶！”[11]八仙均以世俗人物为原型，汇集男女老少、贫富贵贱，可见八仙身份上的差异性和互补性，八仙衣的用色规律也与八仙的身份紧密相关。具体来看，汉钟离被尊为全真教教主，用大红色；曹国舅为国戚勋贵，用紫色系，在戏衣的色彩标示系统中，属权力的象征。张果老因年长用香色，蓝采和因年轻用粉色，均为年龄的象征。铁拐李以跛丐形象示人，用青色，为贫病的象征。吕洞宾用拼色及蓝色，则为道家身份的象征。此类色彩的象征从生活服饰中提炼而来，又经过戏曲舞台美术的加工，成为约定俗成的惯例。由于戏曲舞台美术讲究虚拟性与写意性，因此色彩的标示性能够帮助观众迅速地分辨人物和理解剧情。

装饰性是戏衣色彩应用的又一重要特性。从整体来看，成套的八仙衣涵盖不同色系，讲究用色的多样性。呈现于舞台上，使八仙各有其色，达到色彩斑斓的效果。就单件戏衣来说，同样注重色彩的丰富与搭配的和谐。如使用拼色的吕洞宾衣，取粉色、鹅黄色与蓝色搭配，通过颜色的冷暖与明暗对比，以及色块交错而有序的排列，实现视觉上的协调。何仙姑衣下裳缀有长短飘带，飘逸层叠，

[11] 〔明〕王世贞：《弇州山人四部续稿》卷一百七十一，清文渊阁四库全书本。

所用颜色达到八种之多，色彩分布极具章法，绚烂而又不显凌乱（图 8）。

八仙衣色彩应用的装饰性还体现在镶边的缘饰，从而与世俗角色穿用的戏衣相区别。镶边与主体颜色通常构成冷暖的强对比，如汉钟离衣主体用大红色，镶缘用蓝色，形成互补色对比；韩湘子衣主体用雪青色，镶缘用蓝色，形成中差色对比，均使整体色彩更为明快（图 9）。有时镶边与主体颜色构成明度的强对比，如何仙姑衣以桃红色为主体，酱色为镶缘，通过暗色的镶缘来衬托主体的亮色；铁拐李衣以青色为主体，白色为镶缘，使其具有深沉之感而不至暗淡。

此外，八仙衣多以盘金绣喜字、寿字等纹样，通过金色这一光泽色的广泛使用，不仅使戏衣呈现华丽的炫彩，还调和了上述冷暖与明暗对比。八仙衣背部人像的绣制则采用退晕针法，如“三蓝”“三绿”“三紫”等，通过同色调而不同明度的过渡，来表现人像服饰的褶皱与光影，诸如此类的细节均显示出色彩应用的装饰性（图 10、图 11）。

图8　桃红色缎绣团荷鸟纹八仙衣（何仙姑）

图9　雪青色缎绣墩兰蝶纹八仙衣（韩湘子）

图10　雪青色缎绣墩兰蝶纹八仙衣（韩湘子）局部

图11　青色缎绣葫芦金团寿字纹八仙衣（铁拐李）局部

结　语

作为清宫戏曲行头中神仙服饰的重要组成部分，八仙衣极具代表性，其制作的华丽与考究，用色的丰富与变幻，充分显示了清宫戏曲舞台美术的极高水平。八位仙人身份各异，其衣饰亦迥然不同，从色彩、形制到纹饰，呈现鲜明的风格特征，正可谓“形形色色”，粲然可观。贺寿戏最讲究热闹喜庆，八仙排场之所以为人们所喜闻乐见，与八仙装扮的异彩纷呈密不可分。八仙衣的发展演变揭示了清宫戏曲舞台美术色彩应用系统与穿戴制度规范的完备，其既与皇帝个人好尚相关，也受到时代风潮的浸染。

清宫旧藏绦带色彩赏析

故宫博物院 宫廷历史部 梁科

色彩初源于自然，与人之感官相联。对它的运用渐不严格遵照自然物象本色，而是强调主观用色。清代礼制服装色彩品秩有序，尊礼敷色；便服异彩纷呈，依意设色。满汉交融的审美情趣集中体现于色彩搭配，尤其是镶边装饰绦带的色彩设计当中。故宫收藏约有两万件绦带，其中有一类绦带包装为黄纸红字，封面印有绦带之名，外围是双龙戏珠纹样。它们有可能产自江南苏杭地区，后被采买进献宫廷，主要用作便服的边饰。

一、底色的选择

从绦带的命名可以看出它们用色的特点。绦带主色的选择，地色多是青色系和紫色系。古人的青，涵盖以现代光谱原理命名的绿、青、蓝乃至黑等诸多颜色。青为色首，最初为生活中最易得之色，故象征木、东和春，是万物生长的新生与希望。深黑如夜的元青，高贵的宝蓝，明亮的品蓝、品月，沉稳的浮浅月白和清湛的湖色，这些是满族最喜欢的青色系中的典型颜色。绦带常用的青蓝色有如下几种：

1. 元青色

清代袍服大量用青，远超他色。元青即为浓重之黑色、最深之青色，“元”原为“玄”，因避康熙讳而改之。元青沉着庄重，最适合托显金彩，如元青色织金浅彩牡丹桂花纹绦（图 1）。元青地上织牡丹桂花，牡丹雪灰瓣，金线勾边，桂花月白色瓣，十分素雅。

2. 湖色

通常是浅绿或浅蓝，太阳光照到湖水后所呈现的颜色，如湖色缎地织金水墨灵芝纹绦（图2），这件绦带封面印有名称“二寸宽金线提水墨灵芝湖色缎地提花绦子一板”。湖色地上织灵芝，灵芝或内黑色外灰黑色，或内灰黑外黑色，略有金线显露，茎为灰黑与黑色相结合。

3. 品月色

《通雅》称为“缥”，也称玉色，即青白，月夜中反光之淡蓝，温润明亮，明代已流行。清代除皇帝祭月朝服喜用此色，其常服便服及后妃之服亦多见之，如品月色缎地织金海棠纹绦（图3）。这件绦带封面印有名称“二寸宽品月缎地五彩海棠金线提花绦子一板”。品月地上织桃红海棠，叶片浅绿，枝干灰色，叶脉为金线。

4. 品月色

中国传统染料以植染为主，矿物生物染为辅。1856年，合成染料问世，大约在1886年后进入中国，因使用方便成本低而很快流行。[1] 这些进口颜料所染之色，习惯称之为品色，如品红、品黄、品蓝、品绿和品紫等。人工合成的苯胺洋彩新奇亮眼，不同于传统植物染色的沉稳朴素。品月是比较鲜艳的蓝色，如品月色缎地织金水墨杏花纹绦（图4），这件绦带封面印有名称“二寸宽品月缎地金线水墨浅五彩杏花提花绦子一板”。品月地上织杏花，金色花蕊，白色花瓣，粉色勾边，枝干和部分叶为灰色，其余叶子为黑色，叶脉为金线。

5. 品蓝色

品字冠以色名，据何进丰等学者研究，有可能出自早期英国颜料公司标注的产品牌号，如“一品蓝”“一品红”等，品色多是由德国或英国公司进口的染料。[2]品蓝色作为一种内涵丰富的深蓝色，十分沉稳，如品蓝色缎地织金银灵芝纹绦（图5）。这件绦带封面印有名称“二寸宽金线提金银灵芝品蓝缎地提花绦子一板”。绦带宽7厘米，品蓝地上织灵芝，灵芝瓣或内金线外银线，或内银线外金线，茎也是金线和银线皆有。

6. 宝蓝色

在古代制作工艺中，纯正色彩的染料价格昂贵，深蓝为一般色，而发亮之蓝才是高贵色。宝蓝幽澈纯净，微有光芒如宝石，与金色搭配高贵华丽，与白色搭配朴素典雅。如宝蓝色缎地织金银松竹梅纹绦（图6），这件绦带封面印有名称“二寸宽宝蓝缎地金银线松竹梅提花绦子一板”。宝蓝地上织松竹梅，花、叶、枝纹金银交替。

---

[1] 杜燕孙：《国产植物染料染色法》，《工学小丛书》，商务印书馆（1948），第233页。

[2] 何进丰等：《中国近代进口染料史研究之一》，《丝绸》，2019年第10期。

图1　元青色织金浅彩牡丹桂花纹绦　故00036697

图2　湖色缎地织金水墨灵芝纹绦　故00037250-1/19

图3　品月色缎地织金海棠纹绦　故00036878-2/10

图4　品月色缎地织金水墨杏花纹绦　故00037093-1/18

图5　品蓝色缎地织金银灵芝纹绦　故00037253-8/17

图6　宝蓝色缎地织金银松竹梅纹绦　故00037228-1/20

图7 藕荷色缎地织金三蓝牡丹纹绦 故00036702

图8 雪灰色缎地织金三蓝荷花纹绦 故00036569-1/9

图9 红灰色缎地织金荷花纹绦 故00036578-1/10

图10 金地三蓝荷花纹绦 故00036550-1/7

紫是红蓝之混合色，它高贵优雅且吉祥，比红含蓄，比蓝温婉。它为皇权所用，代表权贵，如紫微、紫禁和紫气。紫色系中的藕荷、雪青和雪灰，直至接近红色的红灰，无不体现出皇家的尊贵：

1. 藕荷色

又称藕色，即淡紫色。有说是浅紫中带灰的深紫绿色，清宫绦带的藕荷色域广泛，楝、紫藤、黛紫、绀紫和青莲等皆可称之，不同朝代时而淡雅时而浓郁。如藕荷色缎地织金三蓝牡丹纹绦（图 7），这件绦带封面印有名称“二寸宽金线提三蓝牡丹藕荷缎地提花绦子一板”。藕荷地上织牡丹，牡丹花瓣有品蓝、月白和白色，叶子为品蓝色，月白叶脉。

2. 雪灰色

绦带上的雪灰类似于比较浓的粉红色，雪灰和雪青常会混淆，但前者更浅淡，是加了灰度的雪青色。如雪灰色缎地织金三蓝荷花纹绦（图 8），这件绦带封面印有名称“二寸宽金线提三蓝荷花雪灰缎地提花绦子一板”，雪灰地上织荷花，花瓣内月白外蓝色，叶子正面月白反面品蓝，叶脉和枝干为金线。

3. 红灰色

绦带上的红灰色常会和雪灰色混淆，但它比雪灰更亮一些，是加了灰度的浅红色。如红灰色缎地织金荷花纹绦（图 9），这件绦带封面印有名称“二寸宽红灰缎地五彩荷花金线提花绦子一板”。红灰地上织荷花两类，分别是浅绿花瓣和白色花瓣，皆是品蓝边；叶子用浅绿和品蓝表现出正面和背面，叶脉和枝干用金线。

二、纹色的搭配

主色选好后，花纹的色彩常会采用一定规律去组合，产生活色生香的视觉效果，充满独特的艺术生机。不少绦带同一纹样采用不同配色，织以不同宽度，从而变化多端。清代绦带所用的色彩组合，有三蓝、水墨、金银（包括金或银）、淡彩、浅五彩和五彩这几种搭配方式。清宫的金银线编织绦带富于错彩镂金的宫廷富丽奢华气息，三蓝和水墨的运用又透出空旷虚灵和山水芙蓉之雅。

1. 金银色

金是诸色中的华贵庄重之色，象征富丽堂皇、荣华富贵。如金地三蓝荷花纹绦（图 10），这件绦带封面印有名称“二寸宽金线提三蓝荷花金地提花绦子一板”。金线地上织荷花，月白花瓣，品蓝边缘，叶子阳面为月白，阴面和边缘为深蓝，叶脉为金线。

银作为万能色，可搭配其他色。它如雪花般莹白明亮，比金温和内敛，象征雅致高贵，纯洁不凡。如银地三蓝枝兰纹绦（图 11），这件绦带封面印有名称“二寸宽银线提三蓝整枝兰花银地提花绦子一板”，绦带宽 6.8 厘米，银线地上织兰花，月白花内瓣，深蓝花外瓣，花蕊为品蓝。

服饰中等级最高者普遍离不开金银线的使用，金银耀眼夺目，使服饰更加绚丽多姿，鲜艳明快。如品蓝色缎地织金银牡丹纹绦（图 12），这件绦带封面印有名称“二寸宽金银牡丹蓝缎地提花绦子一板”。绦带宽 6.8 厘米，牡丹花叶分别以圆金圆银轮换织成。金银线的使用使丰富的色彩调和统一，使绦带华彩辉煌，熠熠生光。

2. 五彩

绦带的五彩，讲究青绿红金的搭配，力求绚丽而不乏味。五并非具体的数字，而是多种颜色的聚合。民间的五彩用色，以红黄青使用频率最高，故民俗中有喜红、尊黄、尚青的倾向。绦带的五彩则要营造意境氛围，讲究充满生机的配色，呈现充盈、繁满和热闹。如雪白色缎地牡丹纹绦（图 13），这件绦带封面印有名称“一寸五分宽雪白缎地五彩牡丹金线提花绦子一板”。雪白地上织牡丹，花瓣为大红和玫红，偶尔露出金线；叶子为绿色，金线叶脉。

3. 淡彩和浅五彩

中国审美传统中有错彩镂金和芙蓉出水两条分径，这两种审美自魏晋六朝以来颉颃并置，各成体系。文人审美尚平淡天真一脉，或清幽古雅，或清新素雅，反映在绦带上，喜用粉红、浅黄、淡绿、浅蓝和淡紫等，金碧绚烂之后归于平淡质朴的用色，也是一种返璞归真的人生追求。外包装标有淡彩和浅五彩的花卉绦带，朴素而不落俗套，秀美而不艳俗。以淡之雅加彩之丽，追求清幽雅致的意趣，更能体现花卉本身的水性美感。如湖色缎地织金淡彩牡丹纹绦（图 14），这件绦带封面印有名称“二寸宽金线湖色缎地淡彩牡丹提花绦子一板”。湖色地上织大牡丹两朵，分别是白瓣藕荷色边和黄瓣藕荷色边；中牡丹四朵，分别是白瓣黄边、黄瓣藕荷边、白瓣藕荷边和藕荷瓣黄边；小牡丹四朵，分别是黄瓣白边、白瓣藕荷边和白瓣黄边。叶子黑色，叶脉为金线。再如品月色缎地织金浅彩海棠纹绦（图 15），这件绦带封面印有名称“二寸宽品月缎地金线水墨浅五彩海棠提花绦子一板”。绦带宽 6.6 厘米，品月色地上海棠花蕊黄色，花瓣粉红，花枝干及叶背面为灰色，叶子为黑色，叶脉为金线。

图11 银地三蓝枝兰纹绦 故00037004 6/8

图12 品蓝色缎地织金银牡丹纹绦 故00036637-11/18

图13 雪白色缎地牡丹纹绦 故00036678-2/10

图14 湖色缎地织金淡彩牡丹纹绦 故00036632

图15 品月色缎地织金浅彩海棠纹绦
故00036855-13/23

图16　雪灰色缎地织金三蓝九花纹绦　故00036774-3/7

图17　湖色缎地织金水墨海棠纹绦　故00036881-2/10

图18　锦缎地织金水墨三蓝牡丹纹绦　故00036671-8/10

图19　湖色缎地织金水墨浅彩牡丹纹绦　故00036691

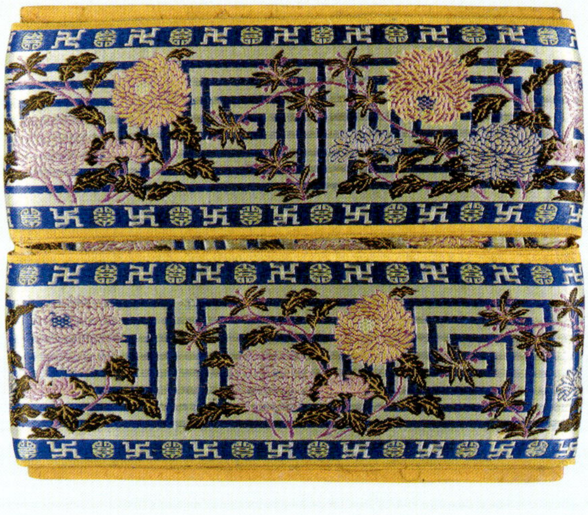

图20　湖色缎地织金三蓝万字浅彩菊花纹绦　故00036832-7/10

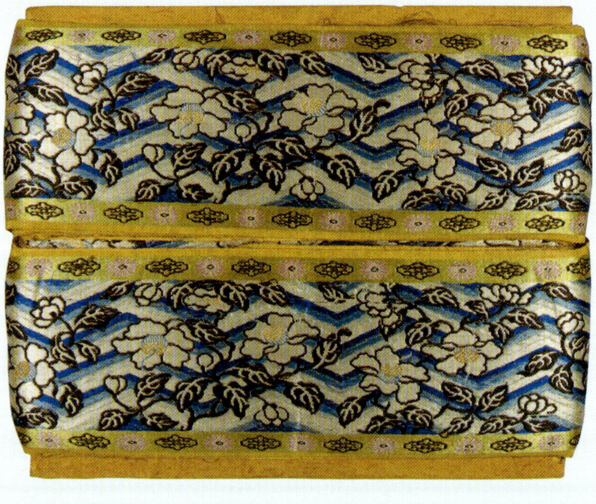

图21　三蓝缎地织金水墨梨花纹绦　故00037115-1/10

4. 三蓝

作为三原色中之冷色调的蓝色，常给人凝重安详之感。清代后宫对蓝色十分偏爱，纹饰采用不同深浅之蓝色作为晕色，还可搭配黑白，三蓝成为当时织绣服装的特色装饰风格。三蓝色中的“三”并不限于三种蓝色，品蓝、宝蓝、品月、月白和湖色等，多达二三十种。虽然只是单一的色系，但色彩过渡柔和，层次丰富，格调清新素雅。如雪灰色缎地织金三蓝九花纹绦（图 16），这件绦带封面印有名称“二寸宽金线提三蓝九花雪灰缎地提花绦子一板”。绦带宽 6.5 厘米，雪灰地上织三蓝菊花，花瓣有深蓝和品蓝两色，叶子为品蓝，金线织花蕊、花瓣中线和叶子叶脉。

5. 水墨

水墨既体现了儒家素以为绚的思想，也反映了道家摒弃浮华、专注本真的抱朴之志。中国水墨画是一种除墨色外不施加任何颜色的传统绘画，绦带借鉴了这种绘画的表现形式。清宫有不少绦带，画面整个基调以水墨为主，纹样主要通过水墨而非色彩来完成。它们常以黑色、灰色、驼色或褐色丝线来表现花卉，只在适当位置上调和运用少量色彩，色墨调和，以彩带墨或以墨带彩，形成水墨淡彩的效果。如湖色缎地织金水墨海棠纹绦（图 17），这件绦带封面印有名称“一寸五分宽金线提水墨海棠湖色缎地提花绦子一板”。湖色地上织水墨海棠，花中心白，边缘棕色，叶子黑色，叶脉为金线。

三、色彩的组合

色彩刺激人的感官，形成特定审美心理。绦带中五彩、淡彩浅五彩、水墨、三蓝和金银五种色彩关系，金银为骨墨为肉，五彩为饰，五色俱而欢喜足。彩多，便是五彩；水墨彩轻，便是淡彩。重彩求古厚，淡色求轻逸。绦带常将这几种配色方式结合起来，如锦缎地织金水墨三蓝牡丹纹绦（图 18），这件绦带封面印有名称“三寸宽金线水墨花锦缎地三蓝牡丹提花绦子一板”，地有黑、灰、棕、白四色，牡丹花瓣有白、蓝两色，叶子金线，叶脉为黑。不同色彩的组合既有对比又和谐统一，美化了事物。如湖色缎地织金水墨浅彩牡丹纹绦（图 19），这件绦带湖色地上织藕荷、白色和茶色牡丹，花蕊和叶脉为金线，叶子为黑色。不同于自然界真实的色彩搭配，绦带色墨相彰，黑而不暗，雅而不素，富贵中见雅。如湖色缎地织金三蓝万字浅彩菊花纹绦（图 20），这件绦带封面印有名称“[illegible]寸宽金线[illegible]蓝万字缎地菊花提花绦子一板”，湖色地上织品蓝万字，菊花有白色和黄色花瓣，以藕荷勾边并部分用作枝干，叶子为黑色，叶脉为金线，画面呈现绚丽且有序的对比效果。又如三蓝缎地织金水墨梨花纹绦（图 21），水墨与三蓝结合，三蓝为地，水墨之黑白为花叶，金线为蕊，体现出皇家不同于文人的品味。

中国传统文化，和谐是美学中心。清代绦带织物色彩的搭配，展现出制作者精湛的技艺及丰富的想象力、创造力，是当时人们艺术审美及思想观念的体现，从中我们可以看到帝王之奢、官贵之艳、文人之雅与民间之风俗。

祭献神圣的丝织品

——对清宫旧藏五色神帛的档案梳理*

故宫博物院 宫廷历史部 赵彦楠

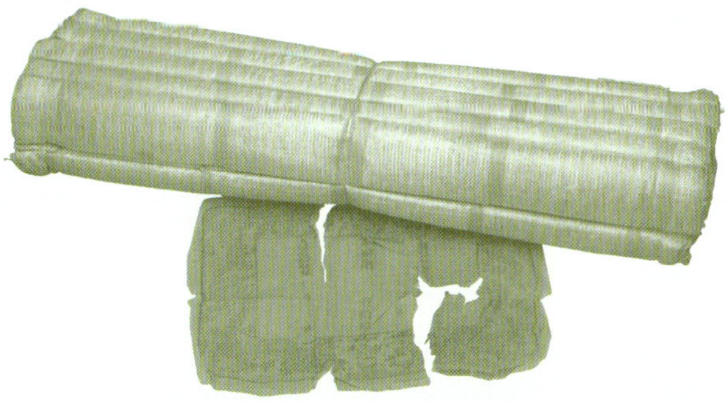

《论语·八佾》篇中记孔子说:“祭如在，祭神如神在。”意为祭祀的时候，要以对待生前亲人一样的态度对待逝去的先人。《中庸》中也提到“事死如事生，事亡如事存，孝之至也”。于是，重视孝道的中国古人在祭祀时便会按照一定标准，为逝去的亲人提供在另一个世界的“吃穿用度”以寄哀思，以表敬意。“事死如事生”作为中国传统思想中的重要部分，通过祭祀活动延续下来。

帛，作为中国丝绸史中最久远的丝织品种，也成为我们悠久历史中重大仪式的重要物质载体。“神帛”，即皇家用于祭祀天地、祖宗、神祇、历代帝王、功臣及孔子等仪式中的丝织品。档案记载，明、清两代皇家祭祀活动中均用神帛作为祭品，并在祭祀仪式中设有重要的使用环节。神帛名称颜色在洪武二年（1369）钦定，一直沿用到清代。其具体尺寸，每“制帛一段，长丈八尺，料丝十五两，每尺该丝八钱三分三厘强”[1]。自明代起，

* 本成果得到故宫博物院“英才计划”和北京故宫文物保护基金会学术故宫万科公益基金会专项经费资助。

[1] 范金民：《衣被天下——明清江南丝绸史研究》，江苏人民出版社（2015），第115页。

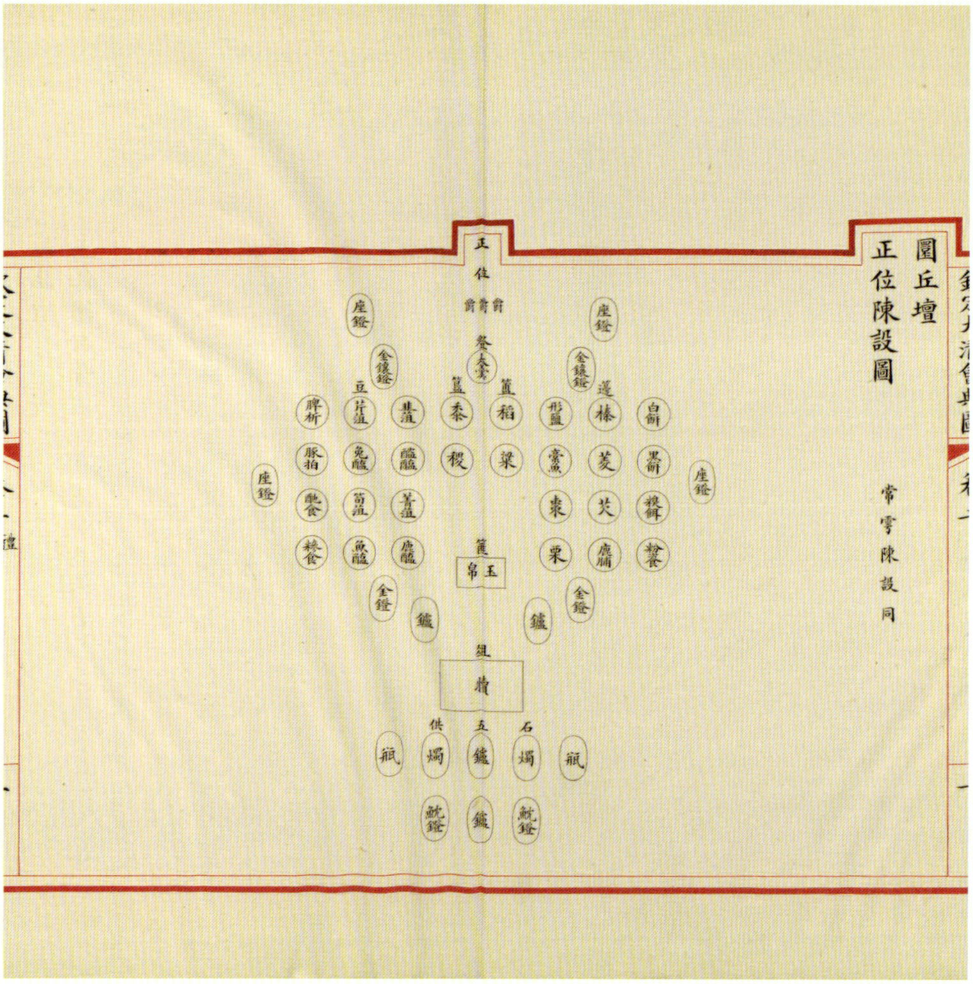

图1　圜丘坛正位陈设图[4]

便在南京设立神帛堂，专为皇家提供礼仪所用神帛[2]，并延续至清代[3]。

帛在祭祀中的重要地位可以从《周礼·春官宗伯》中体现：“立大祀，用玉帛、牲牷；立次祀，用牲币；立小祀，用牲。”说明帛自上古就是礼仪中的重要物质载体。中华数千年历史中，各王朝也承袭着玉帛祭祀的传统。

通过档案中各坛庙的祭祀陈设图我们可以看出，从供奉皇天上帝的天坛正位，到供奉皇地祇神的方泽坛正位，再到紫禁城内皇帝家庙奉先殿的祭祀陈设，玉、帛占有绝对的中心位置（图1至图3）。

---

[2] “两京织染，内外皆置局。内局以应上供，外局以备公用。南京又有神帛堂、供应机坊，苏州、杭州等府亦各有织染局。”参见《大明会典》卷之二百一（织造）。

[3] “本朝织造，在京有内织染局，在外江宁、苏州、杭州有织造局，岁织内用缎匹，并（祭祀）制帛、诰敕等件。”参见康熙朝《大清会典》卷一百三十六（工部·都水司·织造）。

[4] 光绪朝《钦定大清会典图》卷二（礼二）：圜丘坛正位陈设图。

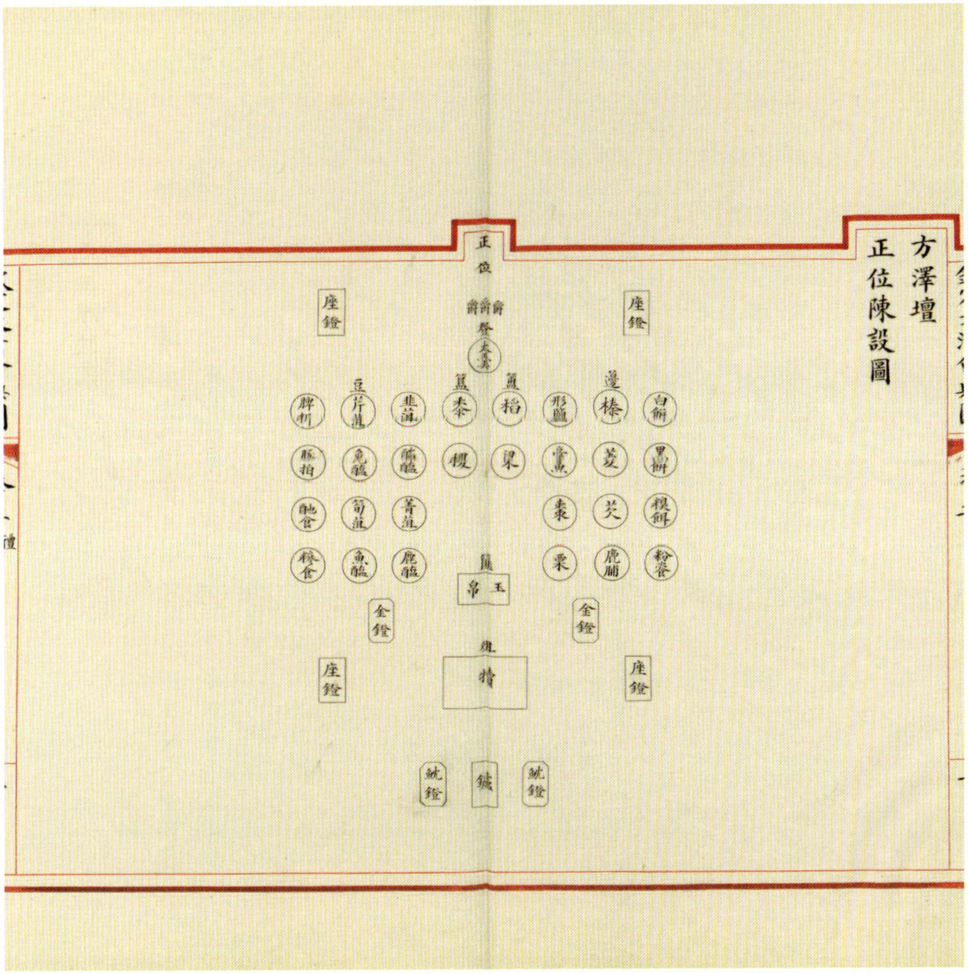

图2　方泽坛正位陈设图❺

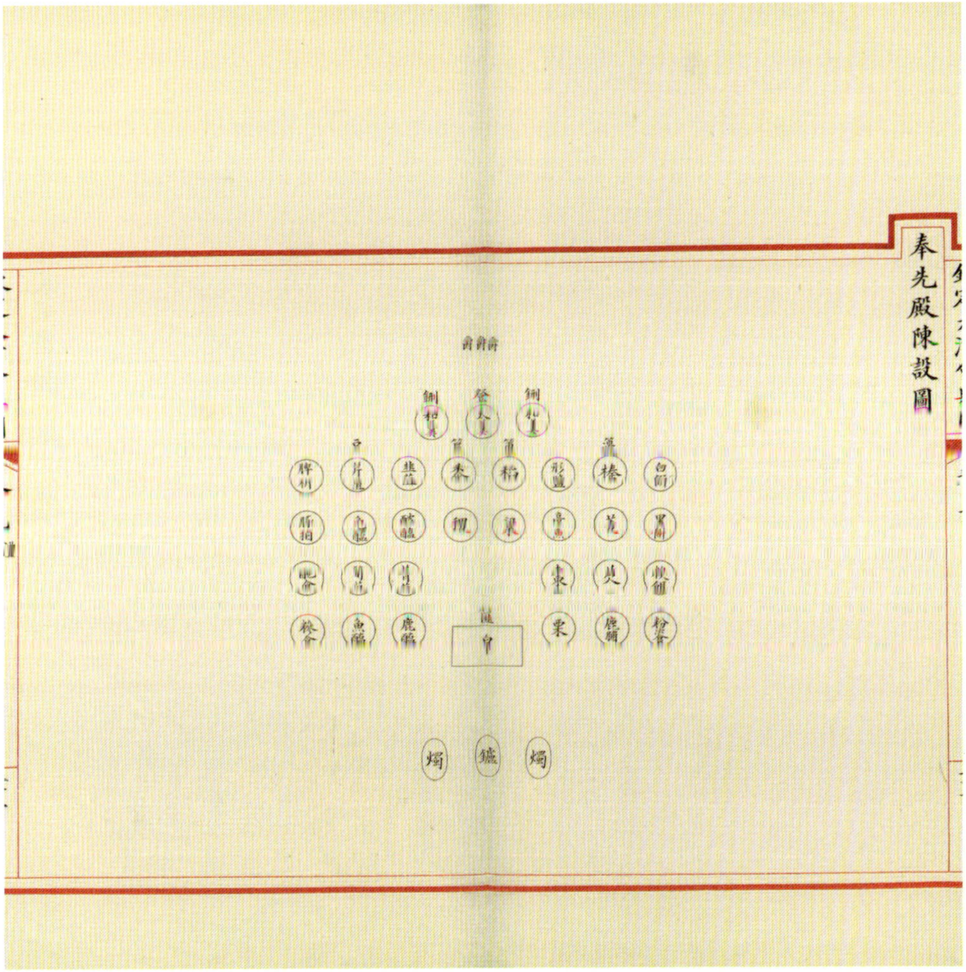

图3　奉先殿（后殿）陈设图❻

❺ 光绪朝《钦定大清会典图》卷五（礼五）：方泽坛正位陈设图。

❻ 光绪朝《钦定大清会典图》卷九（礼九）：奉先殿陈设图。

一、五朝会典中关于神帛的记载

所谓“五朝会典”，即清代康熙、雍正、乾隆、嘉庆、光绪五朝所修的《大清会典》，其汇编清代各官衙的执掌、政令、事例及职官、仪礼等制度。在这部体量庞大又内容详尽的档案里，详细记载了皇家祭祀中神帛的种类与应用。

关于神帛的织造、制式与使用状况，在“祭祀通例”以及“工部·都水清吏司”中均有记载，相关内容摘要如下：

“凡帛七等：曰郊祀制帛，曰奉先制帛，曰礼神制帛，曰展亲制帛，曰报功制帛，曰告祀制帛，俱织成满汉字，又有白色素帛。”

“凡制帛：例属江宁织造，其织文各异。郊祀天地曰昭事制帛；告祀天地曰告祀制帛；太庙祖考曰奉先制帛；亲王配享曰展亲制帛；社稷、日月、历代帝王、先师孔子及诸神祇曰礼神制帛；功臣曰报功制帛。天坛青色，地坛黄色，社稷坛黄色，朝日坛赤色，夕月坛及各陵庙俱白色。顺治八年，增定满汉字织文。九年，题织陵寝奉先制帛。康熙十四年，题织奉先殿奉先制帛。”

——康熙朝《大清会典》[7]

“凡制帛：定例属江宁织造，其织文各异。郊祀天地曰昭事制帛；告祀天地曰告祀制帛；太庙祖考曰奉先制帛；亲王配享曰展亲制帛；社稷、日、月、历代帝王、先师孔子及诸神祇曰礼神制帛；功臣曰报功制帛。天坛青色，地坛黄色，社稷坛黄色，朝日坛赤色，夕月坛及各陵庙俱白色。顺治八年，增定满汉字织文，九年，定织造陵寝奉先制帛。康熙十四年，定织造奉先殿奉先制帛。”

——雍正朝《大清会典》[8]

“制帛：顺治八年定，江宁织造局设神帛机三十张，岁织帛四百端[9]，又准部移文额造二千端，其文兼清汉。曰郊祀制帛，曰告祀制帛（其色青、黄），曰奉先制帛（色白），曰礼神制帛（青、赤、黄、白、黑五色），曰展亲制帛，曰报功制帛（均色白），曰素帛（色白不织文）。”

——乾隆朝《大清会典则例》[10]

---

[7] 康熙朝《大清会典》卷五十五（礼部·祠祭司）、卷一百三十六（工部·都水司·织造）。

[8] 雍正朝《大清会典》卷二百一（工部·都水清吏司·织造）。

[9] 端，即神帛的计数单位，故宫博物院收藏神帛，未开封的包装形式皆为十端一捆。

[10] 乾隆朝《大清会典则例》卷一百三十六（工部·都水清吏司·织造）。

“制帛：顺治八年定，江宁织造局设神帛机三十张，岁织帛四百端，又准部移文额造二千端，其文兼清汉。曰郊祀制帛，曰告祀制帛（其色青、黄），曰奉先制帛（色白），曰礼神制帛（青、赤、黄、白、黑五色），曰展亲制帛，曰报功制帛（均色白），曰素帛（色白不织文）。乾隆四十三年定，各坛、庙、陵寝祭祀应用制帛甚多，原额二千端不敷，嗣后每年由部核定数目，豫行江宁织造如数办解。”

——嘉庆朝《大清会典》[11]

“祭祀则供制帛。制帛之等七：一郊祀帛，二告祀帛，三奉先帛，四礼神帛，五展亲帛，六报功帛，七素帛。自报功帛以上，皆织清汉文于帛端，唯素帛无文。礼神帛有天青、黄、红、元（即玄，近乎黑色）、白五色，郊祀帛、告祀帛有黄色及天青色，奉先帛、展亲帛、报功帛俱白色。”

——光绪朝《大清会典》[12]

通过对五朝会典记载内容的比对，我们可以确认皇家祭祀所使用的制帛一直以来分为七等，用色体系未发生变化，即青、红、黄、白、黑五色。

二、各坛庙使用神帛的颜色与数量

从上述档案中可以注意到，皇家祭祀中的七等神帛涉及不同的色彩：青、黄、红、黑、白五色，其中只有“礼神制帛”五色俱全。神帛使用时要配应所祭坛庙、神祇的五行和方位属性[13][14]，而在祭祀活动上，从皇帝的服饰、读祝文时使用的祝版，乃至乐舞人员的着装都有对应的色彩制度。

雍正朝会典中记载：“凡祭祀服色：圜丘、祈谷坛皇帝御天青礼服；方泽皇帝御明黄礼服；朝日皇帝御大红礼服；夕月皇帝御月白礼服。”[15]表明皇帝参与祭祀活动的时候，所着礼仪服饰的颜色直观地对应所祭坛庙的属性，即祭天（圜丘）礼服对应天空青色，祭地（方泽坛）礼服对应大地的黄色，朝日、夕月的礼服则对应太阳与月亮的红色、白色。

对于祝版则规定：“天坛祝版，天青纸，朱书；祈谷坛同；地坛祝版，黄纸，墨书；太庙祝版，白纸，墨书，黄纸镶边；社稷坛同；朝日坛祝版，红纸，朱书；夕月坛祝版，白纸，墨书，黄纸

---

⑪ 嘉庆朝《大清会典事例》卷七百九（工部·织造）。

⑫ 光绪朝《大清会典》卷六十（工部·都水清吏司）。

⑬ “五岳礼神制帛五，青赤黄白黑各一，五镇亦如之。……四海礼神制帛四，色各如其方。四渎礼神制帛四，色黑。”参见嘉庆朝《大清会典事例》卷三百二十四（礼部）。

⑭ 《周礼·春官宗伯》中记载：“以玉作六器，以礼天地四方：以苍璧礼天，以黄琮礼地，以青圭礼东方，以赤璋礼南方，以白琥礼西方，以玄璜礼北方。”

⑮ 雍正朝《大清会典》卷之七十八（礼部·祠祭清吏司·祭祀通例）。

镶边。”⑯

对乐舞人员的着装要求：“凡乐舞生服色：圜丘用天青销金花服；祈谷坛同；方泽用黑色销金花服；朝日坛用红色销金花服；夕月坛用月白色销金花服；文庙用红色补服，余俱用红色销金花服，绿袖带。”⑰

五朝会典详细记录了各个仪式中不同神祇或祖先牌位前所使用的神帛种类、神帛颜色及使用数量，依照康熙朝《大清会典》中的内容列表如下：

坛庙名称	详细地点	拜位（神牌名称）	神帛名称	颜色	数量（端）
圜丘	正坛	皇天上帝	郊祀制帛	天青色	12
		太祖高皇帝	奉先制帛	白色	1
		太宗文皇帝			1
		世祖章皇帝			1
	从坛	大明	礼神制帛	赤色	1
		夜明	礼神制帛	白色	1
		星辰	礼神制帛	青色	1
				黑色	1
				黄色	1
				白色	7
				赤色	1
		云雨风雷	礼神制帛	青色	1
				黑色	1
				黄色	1
				白色	1
方泽坛	正坛	后土皇地祇	郊祀制帛	黄色	1
		太祖高皇帝	奉先制帛	白色	1
		太宗文皇帝			1
		世祖章皇帝			1
	从坛	五岳、启运山、天柱山	礼神制帛	黄色	1
				黑色	1
				天青色	1
				赤色	1
				白色	3
		五镇、隆业山、昌瑞山	礼神制帛	黄色	1
				黑色	1
				天青色	1
				赤色	1
				白色	3
		四海	礼神制帛	天青色	1
				赤色	1
				白色	1
				黑色	1
		四渎	礼神制帛	黑色	4

⑯ 康熙朝《大清会典》卷之五十五（礼部·祠祭清吏司·祭祀通例）。

⑰ 同注释16。

坛庙名称	详细地点	拜位（神牌名称）	神帛名称	颜色	数量（端）
朝日坛		大明	礼神制帛	红色	1
夕月坛	正坛	夜明	礼神制帛	白色	1
	从坛	北斗七星、木火土金水星、二十八宿、周天星辰，共为一坛	礼神制帛	白色	7
				青色	1
				红色	1
				元色（黑）	1
				黄色	1
祈谷坛		皇天上帝	告祀制帛	青色	1
		太祖高皇帝	奉先制帛	白色	1
		太宗文皇帝			1
		世祖章皇帝			1
社稷坛	正坛	太社	礼神制帛	黑色	1
		太稷	礼神制帛	黑色	1
	从坛	后土勾龙氏	礼神制帛	黑色	1
		后稷氏	礼神制帛	黑色	1
神祇坛		云雨风雷	礼神制帛	青色	1
				黄色	1
				黑色	1
				白色	1
		五岳、五镇、启运山、天柱山、隆业山、昌瑞山、四海、四渎、京畿名山大川、天下名山大川，共为八坛	礼神制帛	青色	3
				黄色	2
				黑色	7
				白色	10
				红色	3
太岁坛	正殿	太岁	礼神制帛	白色	1
	东庑第一坛	正月、二月、三月神将	礼神制帛	白色	3
	东庑第二坛	七月、八月、九月神将			3
	西庑第一坛	四月、五月、六月神将			3
	西庑第二坛	十月、十一月、十二月神将			3

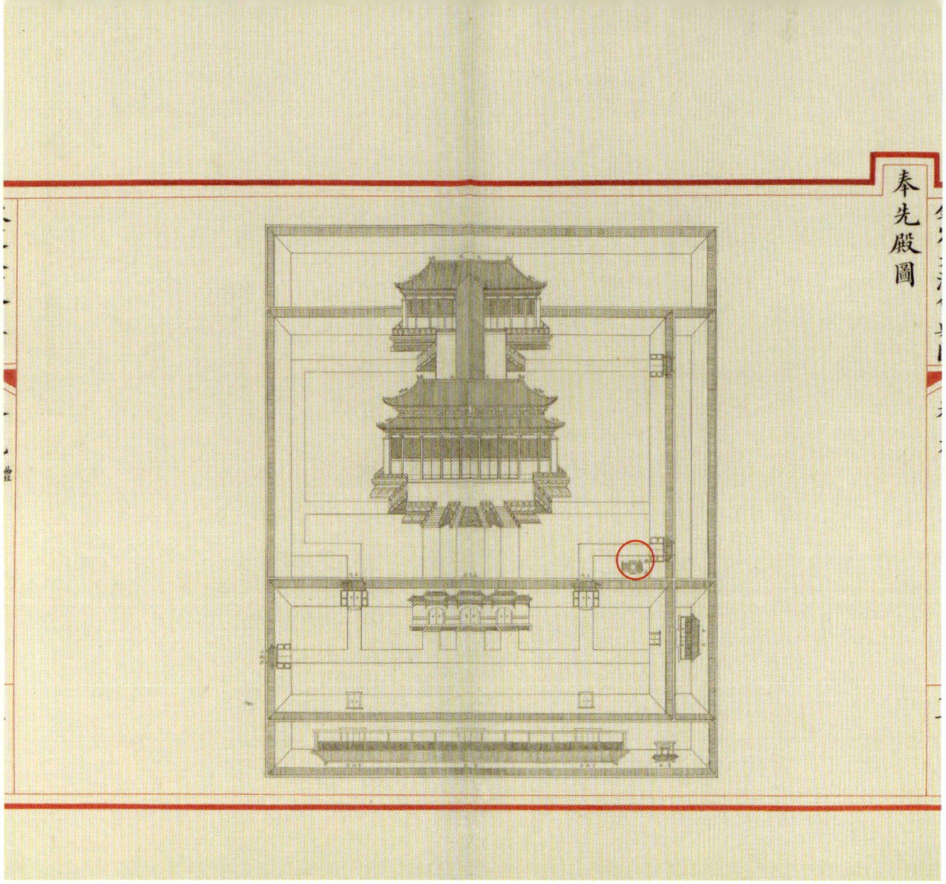

图4 奉先殿图，[21]红圈所示处为焚帛炉

雍正朝以后的《大清会典》中的相关内容与上述表格所记载的相同。若先皇驾崩，则在圜丘、方泽坛等供奉先皇神位的位置加上先皇的神牌位，神位前供奉一端白色奉先制帛。

三、神帛的使用与清宫旧藏神帛的收藏状况

1. 神帛在祭祀活动中的使用

以奉先殿祭祀为例，整个祭祀仪式由太常寺[18]官员负责，流程大致为:迎神、上香、读祝、初献、亚献、终献、望燎[19]。初献礼上，赞礼官[20]会将神帛放置于神位前供案上的篚中，之后在终献仪式上由

[18] “正三品衙门，设满汉卿各一员，满汉少卿各一员，满寺丞一员，汉寺丞二员，满洲汉军、汉博士各一员，满汉典簿各一员，满读祝官四员，满赞礼郎十六员，满笔帖式十八员，汉军笔帖式二员。又设看守坛庙各官，及神乐观牺牲所各官，并隶焉。本寺官员，职专坛庙祭祀一应典礼，及祝版乐舞牲帛器用备办陈设等事。自顺治元年，本寺属于礼部，凡祭祀事宜，俱礼部掌行。”参见康熙朝《大清会典》卷一百五十六（太常寺）。

[19] “奠帛爵，行初献礼，司帛侍卫捧篚，司爵侍卫捧爵，……行亚献礼，……行终献礼，……司祝、司帛咸诣神位前跪，三叩，捧祝帛，兴，司香跪捧香，兴，以次恭送燎所。皇帝转立拜位东旁，西向……俟祝帛过……皇帝复位立，赞引奏礼成。皇帝因事亲告后殿，……行祇告礼，迎神、上香、读祝、奠献、望燎，行礼仪节，均与亲享同。”参见《钦定礼部则例》卷一百九（祭祀清吏司·奉先殿），海南出版社。

[20] 太常寺官职。“太常寺赞礼郎：满洲初系四品，顺治十六年改为九品。康熙四年改为六品，六年改为五品，九年定为正九品。”参见康熙朝《大清会典》卷六（吏部）。

[21] 光绪朝《钦定大清会典图》卷九（礼九）：奉先殿图。

图5　道光款竹丝篚　资祭5222

捧祝帛官将神帛、祝版送至燎所（即焚帛炉），最后在望燎环节将其焚化[22]（图4）。

此外提到的篚，是祭祀仪式中盛放帛的祭器，内里为木胎，外侧为竹编，四周髹漆（图5）。各坛庙所使用篚的颜色与尺寸不尽相同，但颜色与前文提到的各坛庙对应的五行及方位属性一致。[23]

2. 神帛的织造及故宫博物院藏品简介

清代的江南三织造，即江宁织造、苏州织造与杭州织造。三织造在明朝三地织造局的基础上完善制度，于顺治年间初具规模，乾隆年间趋于稳定。它们既有共同的岁供任务，又有不同的分工，其中江宁织造主要负责各种制帛、诰命、大红蟒缎、大红缎匹、金拆缨等项;杭州织造主要负责纺丝、绫、杭绸;苏州织造则承担毛青细布等项。“其每年织办缎、纱、绸、绫、纺丝、布匹、绒线等项，由缎库、茶库官员拟定花样颜色数目，分派三处织造，照式办解。”[24]

前文提到早在明代南京便设有神帛堂，在清朝由江宁织造继续负责其织造任务，顺治八年（1651）规定设神帛机三十张，每年织造神帛四百端为定额，必要时还会额外追加端数。

咸丰三年（1853），太平军攻占南京，江宁织造生产完全停顿，机房毁坏殆尽，织工四散谋食。江宁织造地方官奏称：“西华门内外、常府街，向设织局二处，铺机六百余张，经乱以来，片瓦无存，

[22] 《大明集礼》卷五十五（祀旗纛）：“设望燎位于庙坛之西南。”由此可知，燎望位在西南方位，与焚帛炉位置相对。

[23] 光绪朝《钦定大清会典图》卷二十四（礼二十四）：祭器·篚。

[24] 雍正朝《大清会典》卷二百二十七（内务府·广储司）。

图6　故宫博物院藏白色奉先帛　资织材1627

机具亦尽毁失"，"额设各项机六百六十八张，自兵燹后全数无存。"[25]

面对战争造成的局面，咸丰皇帝曾下旨："彩绸库各色制帛，向由江南织造织办。现在库存不敷支放，江南办理军务，势难赶办，暂交杭州织造织办。俟江南军务告竣，仍由江南织造办理。"[26]可等到光绪三年（1877），工部却以"杭州自举办以来二十余年，房间机具等项均已添设，若复改派江南，则前件均属无用"为由反对，[27]次年继而提出："神帛等件，业经杭州织造办理有年，所有房间机张均已添设，毋庸改归江南。"[28]至此，神帛的织造正式明确改由杭州织造办理。

但在清后期，国家财力衰败，明显入不敷出，朝廷一改清前期几乎单一依靠江南三织造造办的做法，采取局织与市买相结合，以满足对缎匹的需求。光绪三年，御史世泰题奏，杭州织造暂行代办的神帛"不无雇募民机，权宜采买，物料既欠精良，采购尤多弊窦，工价数倍于昔，活计反不如初"[29]。这说明此

---

[25] 《衣被天下——明清江南丝绸史研究》，第215页。

[26] 光绪朝《大清会典事例》卷九四〇（工部七九·工价）。

[27] 《衣被天下——明清江南丝绸史研究》，第217页。

[28] 同注释26。

[29] 《衣被天下——明清江南丝绸史研究》，第225页。

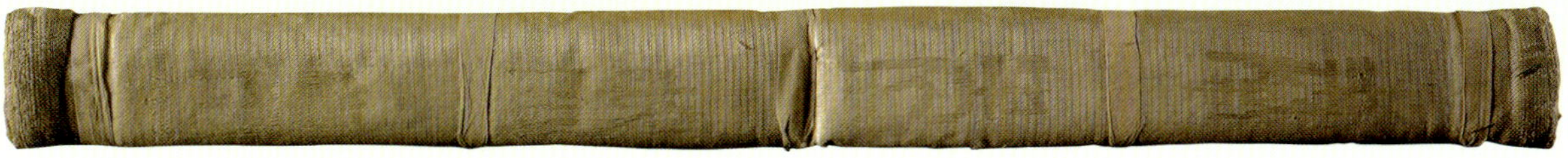

图7 白色奉先帛（显现织文：奉先制帛） 资织材1673

时的神帛就是从民间采购的，并且用料与工艺大不如前，质量也就无法与前朝相比较。

在一端展开过的奉先制帛中可以窥见民间采购神帛是如何“活计反不如初”的：

神帛在织造过程中偷工减料，内里（卷起来的部分）织得极为简单，织物密度较低，肉眼可见比较松散。在靠近织文的部分，也就是卷成端时露出的部分则密度较高，丝线光滑，织文明显，以符合朝廷验收的标准（图 6、图 7）。

目前故宫博物院收藏神帛六百三十余件，由于神帛在祭祀仪式后便被焚烧，故现存神帛均为光绪与宣统朝未使用而存留下的。种类包含告祀制帛、报功制帛、奉先制帛与礼神制帛，档案中所记载的五种颜色均有。由于制作时各批次的染料不能保证完全一致，藏品中的天青色神帛色差较明显。保存形式基本为十端打为一包，每包外侧四端显示满汉织文，裹上明黄色纸质外封，上书织造局名称及负责的办事官员，神帛种类与颜色、数量及织办时间。同时用海水江崖、宝珠、五爪龙作为包装的装饰纹样（图 8-1、图 8-2）。

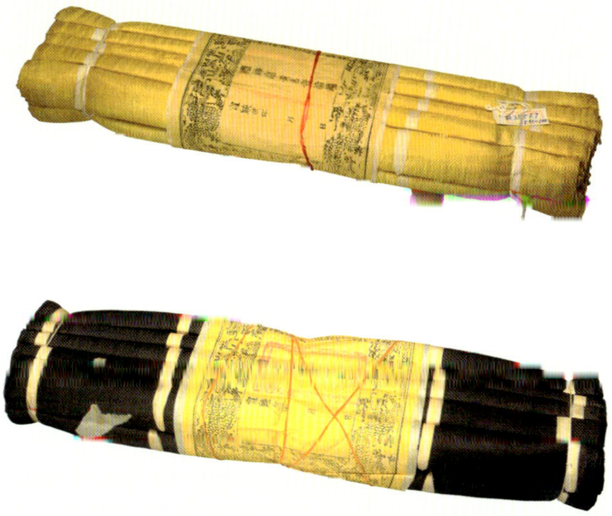

图8-1 黄色、元（黑）色礼神帛

图8-2　天青色、红色、白色礼神帛

四、结语

在“国采与宫色——清代宫廷织绣服饰色彩展”中，故宫博物院馆藏五色神帛首次公开亮相。作为皇家祭祀仪式中不可或缺的一环，这种独特的传统丝织品有着多方面的意义：一方面，仅存的这一批供皇家使用的神帛因机缘巧合留存下来，为历史档案研究提供了重要的文物依据；另一方面，帛在祭祀仪式中的重要地位，凸显了“孝道”与“事死如事生”等传统思想与礼仪观念；最后，供给皇家的祭祀物品质量下降，也是清晚期内府三织造衰败的见证。

神帛，织造出来就是为焚化，供祖先和神明享用的。将这织出的经纬奉献于神坛前，希望得到天、地、日、月与诸神祇的庇佑，是对社稷永存的美好愿景，也是对先帝、圣人的追思与尊崇，既是家国一体下“孝道”的体现，也是古人对悠远而宏大的天地岁月的礼敬。

衮职肃肃

——清代团龙纹常服袍褂漫谈

故宫博物院 宫廷历史部 章新

衮，在古代与“卷”相通假，指帝王或上公穿着的绘有卷龙纹的礼服。《周礼》中记统治者祭祀“享先王，则衮冕”[1]。《后汉书》中“张衡传”有“服衮而朝”之说。[2]唐高宗李治仪凤年间，诗坛“四杰”之一的杨炯在其《公卿以下冕服议》中阐释：“衮者，卷也，龙德神异，应变潜见，表圣王深识远知（智），卷舒神化也。”[3]皇帝穿着衮龙衣袍祭祀神明和上朝理政，所谓“衮职”，即意为帝王的职事。而“衮职有阙”，意为帝王个人如果有不足或犯错误，则需要身边的贤臣补之了，所以辅佐帝王的“三公八命”等重臣也有穿衮衣的荣耀。[4]儒家经史记载的这些古代帝王服制传统，延续千年，一直影响到清代帝王礼服的设计。

---

[1] 见《周礼·春官宗伯·司服》。衮冕是“王之吉服”中仅次于大裘而冕的，衮之衣五章，裳四章，共九章。九章之首为龙，其次为山、华虫、火、宗彝，下裳绣有藻、粉米、黼、黻。参见《十三经注疏·周礼注疏》，北京大学出版社（1999），第549页。

[2] 〔宋〕范晔：《后汉书》卷四十九“张衡传”，中华书局（1965），第1899页。

[3] 《全唐文》卷一百九十“杨炯”，中华书局（1983），第1924页。

[4] 周代官爵分为九等级，称九命。八命的等级则为王之三公及州牧。如《周礼·春官宗伯·典命》：“王之三公八命。”《周礼·春官宗伯·大宗伯》：“八命作牧。”后人也以“八命”泛指朝廷重臣。

龙服衮章

清代服饰制度中的袍褂，除了燕居时穿的便服、出行时穿的行服，主要分为三个系列，即隆重的典礼或祭祀场合穿用的庄重礼服、节庆时穿用的色彩繁丽的吉服，以及退朝下来日常穿用的常服。这三种袍褂都装饰着卷曲的龙纹，但装饰布局有所不同，礼服与吉服，繁纹重彩，龙纹装饰位置基本定于胸、背中心及两肩，以及下摆两膝前后位置。

清代的礼服，一般称朝服。礼服中有为祭祀定制的专色专用的祭服，包括朝袍、朝褂（或称衮服）、朝冠以及朝珠等配饰，这样成套的高华耀眼的服装是要在典礼过后就脱掉换下的。这不仅因礼服尊贵，不容烦亵，且因其穿着庄重，束缚身体。再者，其金彩灿烂的视觉效果是为宏大的空间而设计的，适于远瞻，长时间近观则于视觉较为刺激。

图1 《皇朝礼器图式》中的皇帝明黄色朝袍

图2 《皇朝礼器图式》中的皇帝明黄色龙袍

清代的吉服，又称龙袍（以及外套龙褂，在臣则称蟒），而就其形式与工艺，实际常称其“采服”或“花衣”。这样的穿着就是为了节日的庆贺，营造欢喜的氛围，彩色与用金也较繁多，也多穿用于人群会聚的较大场所。

而君臣在日常处理公务和生活时，身处不甚阔大的宫室环境中，需要肃静安宁的视觉氛围，衣纹是不必繁金多彩的。袍、褂上章纹无彩，地、纹一色，只是以变化织物组织的手法呈现明暗花纹。衣料穿着上身时，不仅能随着肢体曲面立体呈现，而且能随着举手投足而动态表现，这样的暗纹在日常近距空间中才是不刺眼、不扰心的面貌。这就是宫廷日常帝后与王公最常穿用的常服。

常服，顾名思义，就是日常穿用最多的服装。清代宫廷中这些平素常穿的暗花袍与褂也属于典制规定的服装，其有别于礼服的朝袍、褂和吉服的龙（蟒）袍、褂最主要的特征是使用单色暗花纹的衣料，去除了耀眼的金光和斑斓的五彩。

乾隆朝《大清会典》中载皇帝“常服，冠用结线顶。袍色尚黄，亦用诸色。表

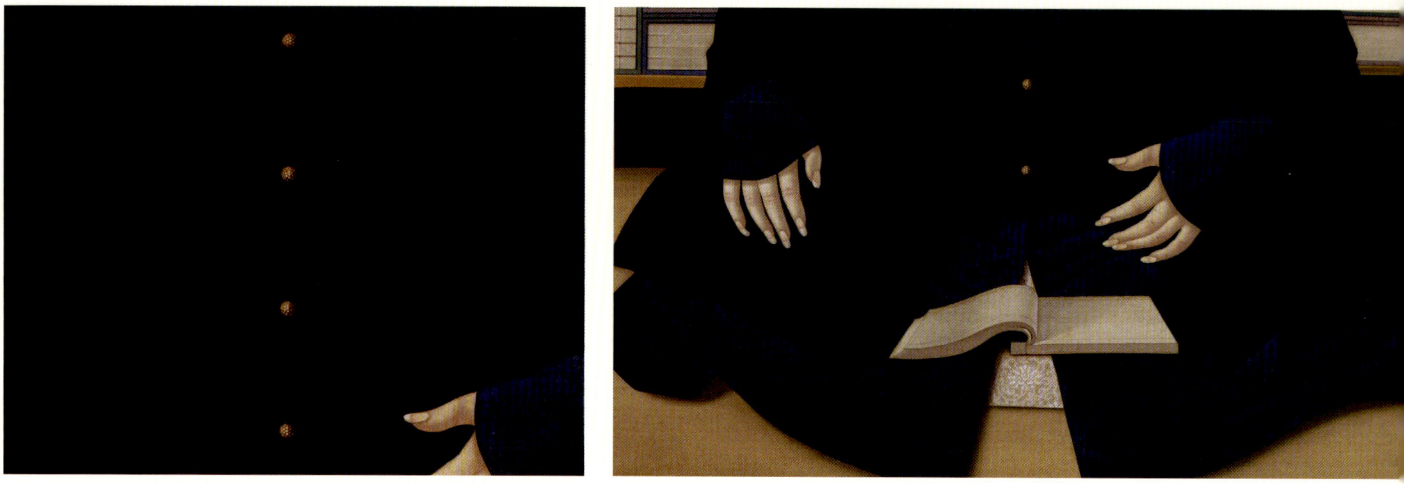

图3 《康熙帝常服读书像》中褂上的暗花团龙纹

衣用青。均不施章采。织纹用卷龙及各色花纹。朝珠如采服制”。对于王公百官的定制表述："凡常服，亲王至入八分公，冠用红宝石顶，余均如采服制。袍色均用蓝，亦间用诸色，表衣色用青，均不施章采。织纹，亲王、世子、郡王、贝勒用龙纹，贝子、公用蟒纹。亲王福晋以下各从其夫之服。宗室各将军、民公以下四品官以上及御前侍从官均得用蟒纹。七品以上官得用诸花缯。八九品官用杂花及素缯。举人视七品，贡、监生员视八品。”[5]“不施章采”而以花样暗纹别尊卑，就是将袍服礼制的表现大大地简化了。

而始修于嘉庆六年（1801）的《大清会典事例》定制："常服冠，红绒结顶。常服褂，色用石青，花文随所御。常服袍，色及花文随所御，裾左右开。常服带如吉服。"[6]《钦定大清会典图》则注："皇帝常服袍，色及花纹随所御。裾系四开。绵袷纱裘惟其时。""皇帝常服褂，色用石青，花纹随所御。绵袷纱裘惟其时。"[7]

尽管会典中注常服袍褂“色及花纹随所御”，会典图例中也多为缠枝莲以及江山万代等纹样，但龙纹和蓝、酱这样典型的官服色在清代常服袍褂中还是成为最常用、最主流的章彩。暗花团龙纹在清代的盛行，常见于帝后王公的常服袍褂上。故宫博物院收藏有常服袍褂近两千件，其中有七百多件暗花团龙纹常服袍褂，在各种花样中占比最高。

我们在清代宫廷人物画像中，也往往会看到皇帝的常服像，清中期以后的常服像，最多见的纹饰是团龙纹，此外还有江山万代纹和团万寿字纹。团龙纹应该是最能彰显统治者权威的章纹。

---

[5] 乾隆朝《大清会典》卷三十（礼部·仪制清吏司·冠服）。

[6] 嘉庆朝《大清会典事例》卷二百六十一（礼部二十九·冠服·皇帝冠服）。

[7] 嘉庆朝《钦定大清会典图》卷四十二（冠服二·皇帝冠服）：常服袍。

图4　蓝色常服袍

图5　酱色常服袍

图6　酱紫色常服袍

图7　驼色常服袍

图8　青色常服褂

以上五图出自《皇朝礼器图式》

图9　《胤禛行乐图》中的龙纹常服袍

图10　《颙琰行乐观花图》中颙琰身着常服——蓝袍青褂

图11　《旻宁半身像》中的驼色团龙纹常服袍

图12　《旻宁半身像》中的蓝色团龙纹常服袍

龙衮含义

龙纹很早就在古代服饰上流行，如春秋战国时的龙凤纹组合、汉魏时的变体云龙纹等。人们耳熟能详的成语故事“叶公好龙”就说明了上古中国人对龙纹的喜爱。其实，绝不仅是一个叶公子高，在中国数千年历史中，“好龙”之风俗绵绵悠久，好龙者比比皆是，而龙纹也随着世道的沉浮、朝代的演替不断变化着。龙纹的装饰几乎遍及古代各种工艺，而服饰是其中最主要的装饰领域之一。

在王公祭服上，龙作为尊贵的一章正式绘饰于衣上，称为“衮”，衮冕成为周代以来君主的最高等级礼服之一。

对于龙纹的象征意义，我们有必要做文化理念的探究。紫禁城中万龙飞舞，让人们感受到皇权的神圣和威严。特别是到了晚清，与世界诸国各种制度和意识形态对比，大清的龙旗似乎更是帝制的标志。而到了新世纪国家崛起之际，中国为全球瞩目，世界各地的人们也常以龙为中华象征。但在上古，这都不是龙本来的蕴意。

在中国古代哲学中，阴阳二维思辨模式与把握天地万物的知识体系有深刻的关联。在古代天文学中，东方苍龙是东方七宿（角、亢、氐、房、心、尾、箕）的统合。在传统地理学中，龙用来形容山川的脉络。

图13　太和殿中央帝座旁的六条金柱正是《易经》中“时乘六龙以御天”的意象

上古的哲学经典、群经之首的《周易》第一卦“乾”，有对龙的意象最经典的阐释，六阳爻皆以龙释义。龙是纯阳之体，天行刚健，作为符号就是用来表述天地间阳气的。在中华民俗文化中，龙变化神异、行云施雨、感通天地。古籍经典上阐释的龙德，与民间风俗中演绎的龙职，正是帝王借以自我标榜的龙文化核心理念。龙纹表现着统治者“唯以一人治天下”的权威，统治者借龙纹以表示自己具备中华龙的“圣德”和“神职”。在清代的帝王之学里，《易经》中的乾卦占核心地位，乾卦的“九五，飞龙在天”遂成为龙纹造型重要的理念依据。清代皇帝袍服上胸背中央的正面龙是清代帝王袍服龙纹最具代表性的造型，其姿态正是对乾卦中“飞龙在天”意象的展示。

在帝王显示帝德的十二章中，除了日、月、星三章外，龙为九章之首。那么，龙章究竟是怎样的设计呢？无论是古人对《周礼》的图说，还是明清的章纹图像，都是一对升降龙的组合。《仪礼注疏》中郑注云：“衮衣者，……缋之绣之为九章，其龙，天子有升龙有降龙。”升降龙纹在这里究竟表现什么意义呢？《五礼通考》云：“龙之一升一降，乃不为亢，君德之象也。”这是后人对礼制传统的阐释。

龙的文化含义除了朝乾夕惕、刚健不息外，还有应时而变化，或潜或现，神异不可测的意涵。《尔雅翼》中释“龙，春分而登天，秋分而潜渊，物之至灵者也”。进而比之人事、易理和天文：“龙以变化无方，物不能制，故在人比君，在卦比乾之七爻，象天苍龙七宿。”杨炯在《公卿以下冕服议》中也将龙章解释为：“龙者，变化无方，象圣王应时布教也。”故而我们不仅会在清代朝服、龙袍上看到光艳赫赫的正龙和行龙，也会在常服、行服和便服的袍褂上看到时明时暗、时隐时现、变幻莫测的暗纹升降龙。

龙纹演化

古人对龙的理解也体现在纹样的历史形成上。隋唐时的龙纹身形不甚长，威壮有力，还颇类兽形。宋代的龙纹变得更长，有变幻莫测的神异感，造型更丰富和不凡。清代的乾隆帝就十分喜欢宋代龙纹造型，刻意命宫廷画师模仿宋龙。而总体来说，清代沿袭明代纹样，又不断地改造，在袍褂上发展出清代特征的龙纹。对于清代袍服上的龙纹，大家以往比较关注的是礼服、吉服上的织金、三蓝或珠绣的正龙、行龙纹等，比较忽视暗花织物，也就是常服、便服料上的升降团龙纹。

古代名为“衮”的“卷龙衣”，后人多注释“衮”为卷曲之意。清代的朝褂名称承袭古制名为“衮服”，其团龙纹造型也类似上古龙衮纹饰。而龙纹在衣服上的装饰设计对龙纹在近古的演变起了重要的推动作用。

龙纹的特点是蜿蜒卷曲，有一定的长度，并且与流动的云气纹相环绕、相衬托，造型富于变化。古人喜爱龙纹服饰首先是因为其卓越的装饰效果。无论袍服面料上的平面纹样还是穿着之后的立体起伏，也无论袍服随穿着者姿态的沉静或飘动，龙纹都以遒劲有力、富于流动感的蟒形线条，飞舞变幻、张力十足的姿态造型，为袍服的造型与穿着者的体态提供了非同凡响的美仪风范。此外，龙纹怒张的须发、遍体的鳞甲、缠身的火焰，以及周围的云气等，也都为五彩与金银线乃至珠宝的组织与炫耀提供了极好的织绣题材。不仅仅是奢华绚烂的视觉效果，这一切还营造出神异威猛的造型与气势，会使穿着者希望尊显超凡的心理得到极大的满足。

图14　缀着蜜蜡纽扣的石青色团龙纹暗花实地纱夹常服褂，青色明显发红

图15　缀银累丝纽扣的石青色团龙纹暗花缎夹常服褂，色泽发蓝

龙色肃肃

常服（或便服）是花、地一色的无彩袍褂，仅以织物组织的变化呈现明暗变幻的效果。而清代宫廷的常服色也基本套用官服色彩体系，常服袍以蓝色最多，这与清人笔记中说常服用蓝、酱、驼、灰四色，以“蓝色最适于用”的说法是相符的[8]。其次以绛（或酱）色、青色和灰色为大宗，此外还有驼色、黄色（包括米黄、香黄、土黄等）、绿色、月白、湖色以及各种紫色调等。常服褂则基本是石青、元青色。

我们看清代宫廷帝后人物画时会发现，蓝袍青褂或绛袍青褂是最常见的搭配。这一现象基于近代靛染工艺的极其成熟。荀子曰：“青出于蓝而胜于蓝。”此“蓝”指蓝草及其制成的靛染料。青色，在明代已是最常用的衣色。文武官员公服用绯、青、绿三色等级，形成高、中、低三档。明时所谓青色大约为深蓝色，而清代所谓“青”一般指更为凝重、坚硬、雄深而质朴的石青色。

青色在满族服色中的盛行与明代毛青布在东北地区的畅销有关。毛青（满语 mocin），满语词典中说类于佛头青。毛青布在努尔哈赤、皇太极时期是最重要的物资，也是诸多赏赐物中最主要的品种，随处可见，几乎成了民族服饰的底色。这种青色与明代官服的青色是不一样的。晚清卫杰所编《蚕桑萃编》中曾述及毛青布工艺。这种青色日后就成为清代官服色彩最主要的传统和根源。满洲人不仅喜

8　关于清代古服袍：“蟒袍质地，或蓝色，或酱色，制作或组绣，或缂丝，无大别也。但分劲五彩者，去红加紫者，三蓝彩者（此最素，不宜用）。尚有暗水、暗蟒一种，远望如蓝袍，而其花纹则蟒袍也。寻常之袍分蓝、酱（即紫色，后来色加红，谓之枣儿红）、驼（浅黄色，又有一种名泥金色，在杏黄、明黄之间）、灰（有竹灰、墨灰、银灰之别）四色。蓝色最适于用。灰色素服也，朝会、庆寿，概不能着。”参见〔清〕崇彝：《道咸以来朝野杂记》，北京古籍出版社（1983），第32页。

爱蓝色，而且衣饰离不开更深沉、肃重、大气的各种深青色。

石青（满语 wehe lamun），即“石”与“青蓝之蓝”之意，石青色是清代朝服、吉服、常服中应用最广的衣色，是官方认定的公服衣色，是历经清王朝二百多年最稳定的色彩。坚硬庄重的深青色不仅用于礼服、吉服、补服（公服）、常服的衣表地色，而且被广泛用于各色服装的领袖边缘镶饰上（这也是明代以青饰领缘的装饰传统）。但实际上，清代袍服的青色有非常丰富的面貌，仅从显明的色尚来说就可以分为石青、天青、红青和近乎黑色的元青。

蓝色也是满族关外生活中的常用衣色。翠蓝布为一种织得较密的蓝染布，是仅次于毛青布的重要生活物资和赏赐物。翠蓝，满语是浅淡的蓝色之意。

后来确立四旗乃至八旗军事体制，蓝色不仅是四种基本旗色之一，且在清初曾被定为八旗文武官员以及护军校的军服甲面色。

天蓝色，满族人对蓝色的喜爱，有时近乎迷恋。清前期，康熙朝《万寿盛典初集》中记录亲王福晋们所进贺礼中多有“天蓝色”袍，可见此袍色受皇帝青睐。清代中晚期宝蓝与品蓝色名，更是表达了对蓝色深湛的追求。“宝蓝”之名，屡见于《万寿盛典》的礼单、《大清会典》中的织染局色名，

图16　各色暗花团龙纹衣料纹样

以及《清实录》中的赏赐记录。大概蓝色袍服以宝蓝色最澄莹美丽，所以用“宝”字冠名。而至清末，又有品蓝色名，似比宝蓝更明亮艳丽，多用于后妃女性服饰上。蓝色浅淡者，以月白和湖色为多。这两种衣色在清代最常用来做袍褂的里料，但在常服和便服的袍面料也有应用，反映出清代人对这两种浅蓝色的喜爱与亲近。

我们之所以将青色与蓝色分开来看，一是因青色在清代袍服中使用之普遍超出其他色彩；二是其使用的场合与礼制内涵与蓝色有别。嘉庆七年（1802）正月，太庙重要祭祀的斋戒日，正逢先帝的忌辰，颙琰遂改蓝袍为青袍，以示孝思。由此可见，袍服中的青色比蓝色更有庄敬肃穆的意味。

花与地一色的常服（或便服）袍褂，在日常理政或生活空间里呈现朴素静穆的美学风格。如果是棉布质地就会显得简朴低调，但是宫廷内局织造的暗花绸缎，其用丝光泽优异、染色粹美、花纹端严炳明，虽无金彩，但是一样摄人心目。即使臣民与皇帝穿着的袍褂样式差不多，但丝绸、用色与纹饰在品质上的差异悬殊判然。

展览感言

宫廷织绣服饰展本来是传统丝绸文化精华展现风采的绝佳机会，但是当各色服饰集体展现时，观众们的注意力还是最容易被金彩灿烂的金龙袍和锦绣纹样吸引，而忽视沉静的暗花织物。

多彩的织绣固然是锦绣中华的骄傲，但大量的暗花丝绸是古人生活的日常用品，而且同样代表了中国古代丝绸文化的工艺和审美成就！在多彩的织物上，可以用繁丽的配色掩饰丝质或织染工艺的平庸，但在一色的暗纹织物上，丝质、染色和纹样的精细表现都是一览无余的！只是因为这些常服、便服穿用的频次与损耗程度要远远高出那些朝服和龙袍，所以这种日常的精致才更为难得。而古代这类常服对我们今天大众服饰工艺的启示也更有实际意义！

国采与宫色——清代宫廷织绣服饰色彩展

Colours of Imperial Textiles and Court Regalia in the Qing Dynasty

主　　　办：故宫博物院　嘉德艺术中心
特邀支持单位：沈阳故宫博物院

展览总策划
故宫博物院：任万平　王跃工
嘉德艺术中心：寇　勤　王　彤

展览策展
故宫博物院：章　新
嘉德艺术中心：王　彤　夏　璐　李光利

展览统筹
故宫博物院：严　勇　许　凯　文　明　白　杨　阮卫萍　章　新　吕韶音
嘉德艺术中心：李光利　李晴芳　任　荷　李　鹏　白婧超

展览执行
故宫博物院：章　新　梁　科　杨紫彤　王鹤北　赵彦楠　毛　劼　杨国彭　蒋　彤　罗　端　陈雨菲
嘉德艺术中心：陈树银　马学东　张　丹　杨　涓　侯晋晋　郭振兴　蒲　宇　薛　炜　王卓然　肖雅馨
谢媛媛　景　松　朱狄帆　王思佳　马鑫悦　张　爽　王　颖　张　颖

展览时间
2024年6月21日—9月22日

展览地点
嘉德艺术中心2层展厅（北京王府井大街1号）

图书在版编目（CIP）数据

国采与宫色：清代宫廷织绣服饰色彩展 / 故宫博物院，嘉德艺术中心编. -- 北京：生活书店出版有限公司，2024. 9. -- ISBN 978-7-80768-489-3

Ⅰ. TS941.742.49-64

中国国家版本馆CIP数据核字第2024UC6325号

编　委

故宫博物院　娄　玮　任万平　王跃工

嘉德艺术中心　寇　勤　王　彤

撰稿人（按音序排列）

故宫博物院　白寅生　景　闻　梁　科　刘国梁　刘　岳　毛　劼　孙召华　邵　旻

王鹤北　殷安妮　赵彦楠　张立群　张　锐　章　新

沈阳故宫博物院　付　博

摄　　影　孙志远

图片提供　故宫博物院

设计指导　宁成春

特邀编辑　杨　涓　谢媛媛

特邀审校　张雪梅　李　倩

责任编辑　时　光

整体设计　鲁明静

内文制作　许艳秋

责任印制　孙　明

出版发行　生活書店出版有限公司

（北京市东城区美术馆东街22号）

邮　　编　100010

经　　销　新华书店

印　　刷　天津裕同印刷有限公司

版　　次　2024年9月北京第1版

2024年9月北京第1次印刷

开　　本　635毫米 × 965毫米　1/8　印张 39.5

字　　数　280千字

印　　数　0,001—2,500册

定　　价　368.00元

（印装查询：010-64004884；邮购查询：010-84010542）